Porsche fasziniert. Das gilt für die Sportwagen ebenso wie für die Uhren. Glauben Sie mir, ich weiß, wovon ich spreche. Schließlich habe ich meine berufliche Laufbahn als kaufmännischer Auszubildender bei der Dr. Ing. h.c. F. Porsche AG begonnen und auch nach Abschluss des Betriebswirtschaftsstudiums noch eine Weile fortgesetzt, bevor ich Journalist wurde.

Das Porsche-Virus bin ich seither nicht wieder losgeworden, auch wenn mich beruflich längst zudem noch der Uhren-Bazillus erfasst hatte. Auch daran hatte meine Zeit bei Porsche einen großen Anteil. Der Porsche Design Chronograph mit mattschwarzem Gehäuse und Stahlband war in der Firma allgegenwärtig. Den hätte ich damals gerne gehabt, doch war er mit einem Lehrlingsgehalt unerreichbar. Das nagt noch immer an mir, denn der Chrono brachte die Ästhetik des von mir bis heute verehrten Porsche 911 ans Handgelenk – schlicht, reduziert und funktional. Kein Wunder: Schließlich stammte das Design des «Elfers» und des schwarzen Chronographen von ein und derselben Person: Professor Ferdinand Alexander Porsche.

Dessen Erbe pflegt heute die Porsche Lifestyle Group, in der das von F. A. Porsche gegründete Design Studio in Zell am See für die gute Form verantwortlich zeichnet. Hier wurden horologische Klassiker kreiert: die Taucheruhr «Ocean», die Kompassuhr, der Titan-Chronograph mit versenkten Drückern – allesamt in Kooperation mit IWC Schaffhausen – und auch der erwähnte mattschwarze Chronograph, made by Orfina.

Dieses uhrmacherische Erstlingswerk von F. A. Porsche spielte auch bei der Neugründung des Unternehmens Porsche Design Timepieces im Jahr 2014 eine maßgebliche Rolle, diente die Ikone des Hauses doch als Vorbild für den Chronograph 1, der aus der Kollektion nicht mehr wegzudenken ist. Diese wurde in den vergangenen Jahren konsequent weiterentwickelt – mit einer schlüssigen Modellpolitik und einem einzigartigen Fertigungssystem. Das erlaubt die Herstellung von Einzelstücken innerhalb einer Serienfertigung – vergleichbar mit der Porsche-Sportwagenproduktion. Und es gibt dem Kunden die Möglichkeit, seine Uhr in einem einzigartigen Konfigurator so zu gestalten wie seinen 911. Ein echter Sportwagen fürs Handgelenk.

Martin Häußermann

INHALT

PORSCHE DESIGN TIMEPIECES

01

60 TACHYMETER 500 350 240 180 140 120 100 90 80 70
30
20 10
60
40 20
MON 8
PORSCHE DESIGN
CHRONOMETER
CERTIFIED
12
9 3
6
SWISS
MADE

THU 18

DAS AUTO WIRD UHR

Das Jahr 2014 war für Porsche Design die Zeitenwende. Die Verantwortlichen legten den Grundstein für einen integrierten Uhrenhersteller, der vom Design über die Produktion bis hin zum Vertrieb eigenständig agiert. Bis zu diesem Zeitpunkt hatte man sich ausschließlich auf das Design beschränkt.

Text + Bilder: Martin Häußermann

Die Uhrenbranche wunderte sich: Bei der Uhrenmarke Porsche Design herrschte absolute Funkstille. Keine Neuheiten, kein Messeauftritt auf der BASELWORLD, weder 2013 noch 2014. Das sollte sich jedoch schon bald grundlegend ändern.

Im Sommer 2014 ertönte der Startschuss für die Firma Porsche Design Timepieces AG, eine 100-prozentige Tochter der Porsche Design Group, die heute Porsche Lifestyle Group heißt. Das neue Unternehmen war nicht mehr nur eine Uhrenmarke, sondern ein integrierter Uhrenhersteller, der seine Produkte

selbst entwickelt, in eigenen Ateliers baut und selbst vertreibt. Bis zu diesem Zeitpunkt hatte sich Porsche Design auf die Gestaltung von Uhren beschränkt und die technische Entwicklung und Produktion von externen Unternehmen besorgen lassen.

Um diesen Wandel zu vollziehen, holte Porsche Design zwei anerkannte Branchenkenner ins Boot. Als CEO wurde Patrick Kury gewonnen, der viele Jahre als Entwickler und Manager beim Uhrenhersteller Eterna tätig war. Als General Manager für Produktmanagement, Vertrieb sowie die operative und strategische Steuerung der Geschäftseinheit Timepieces wurde Gehard J. Novak verpflichtet, der langjährige Branchenerfahrung in der Swatch Group gesammelt

Der Markenkern von Porsche Design: optisch außergewöhnliche und technisch hochwertige Zeitmesser

hatte, besonders bei der Premium-Marke Omega. Mit Rolf Bergmann holte man zwar einen Branchennovizen ins Boot, der dafür aber ein ausgewiesener Spezialist für schlanke Produktion war – und als Produktionsmanager beim Sportwagenbauer auch das Porsche-Gen in die Führungsriege brachte. Letzteres galt auch für Roland Heiler, der nach wie vor das Design der Uhren verantwortete.

1995 kaufte die F. A. Porsche Beteiligungsgesellschaft den Schweizer Uhrenhersteller Eterna, weshalb Porsche-Design-Uhren fortan in Grenchen hergestellt wurden. Hier entstanden optisch außergewöhnliche, technisch hochwertige Zeitmesser wie beispielsweise der Indicator, die Diver oder die Weltzeituhr Worldtimer. Mit der Gründung der Porsche Design Timepieces AG war die Kooperation mit Eterna beendet, nachdem Familie Porsche die Uhrenmarke bereits 2011 verkauft hatte. «Wir haben die Partnerschaft mit der Uhrenmanufaktur Eterna sehr geschätzt. Die Verbindung aus traditionsreicher Handwerkskunst und unserer Designkompetenz war ideal und erfolgreich», sagte der damalige CEO der Porsche Design Group Jürgen Geßler. «Mit der strategischen Neuausrichtung werden wir diese Tradition fortsetzen und unseren Kunden neue exklusive Timepieces präsentieren.»

Die erste Neue wurde eine Altbekannte. Unter der Produktbezeichnung Timepiece No. 1 legte Porsche Design im Jahr 2014 den Orfina-Chronographen mit aufgefrischter Optik neu auf, eine Titanuhr mit schwarz beschichtetem Gehäuse. Es wurde eine limitierte Stückzahl von 500 Exemplaren gebaut. Weitere 500 Exemplare dieser Uhr kamen als Chronograph Titanium Limited Edition im grauen Titangehäuse auf den Markt.

Uhrwerkstechnisch hielt sich Porsche Design zum Restart noch vornehm zurück. Die Devise lautete: eins nach dem anderen. Deshalb wurden die neuen Uhren samt und sonders mit ETA-Kalibern oder vergleichbaren Schweizer Uhrwerken ausgestattet.

Das sollte aber nicht für alle Zeiten so bleiben, sonst hätte man mit Patrick Kury nicht einen Fachmann verpflichtet, der in seiner Zeit bei Eterna einen maßgeblichen Anteil an der Entwicklung neuer Uhrwerke hatte. Dieses Know-how dürfte sich auch Porsche Design über kurz oder lang zunutze machen, orakelten wir bei der Präsentation vor zehn Jahren.

Wie recht wir doch hatten. ◆

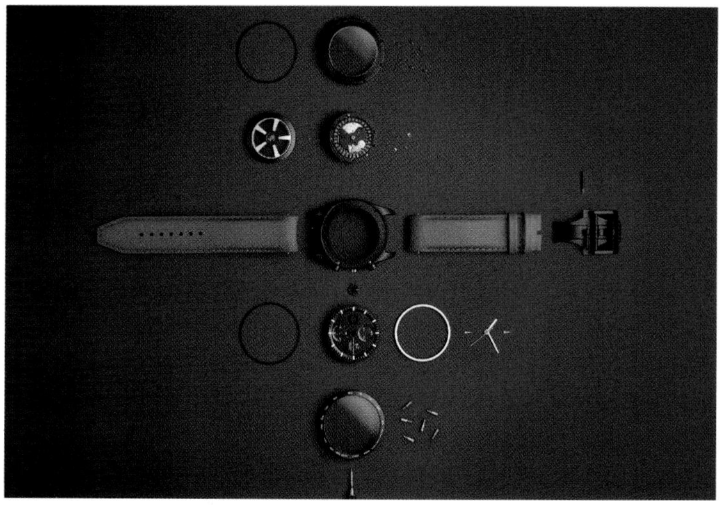

DIESE IN IHRE EINZELTEILE ZERLEGTE UHR STEHT STELLVERTRETEND FÜR DEN VARIANTENREICHTUM UND DIE FLEXIBILITÄT DER MARKE PORSCHE DESIGN.

Das Timepiece No. 1 markierte den Neustart der Marke Porsche Design im Jahr 2014.

INTERVIEW

GERHARD NOVAK

» Herr Novak, Sie sind seit dem Restart von Porsche Design Timepieces im Jahr 2014 an Bord. Haben sich Ihre damaligen Erwartungen erfüllt?
Ja, das kann man definitiv sagen. Wir hatten zwar anfangs durchaus einige Herausforderungen und Hürden zu überwinden, haben dann aber schnell in die richtige Spur gefunden. Sehr wichtig war dabei der Fokus auf die fahrzeugbegleitenden Uhren – und dann ab 2022 die Wiedergeburt unserer Ikone des Chronograph 1. Im Grunde hat es sich sogar besser entwickelt, als ich es mir damals gewünscht hätte.

» Sie stufen die fahrzeugbegleitenden Uhren also als Meilenstein ein. Warum?
Da muss ich ein wenig ausholen. Mit der Entwicklung dieses Themas haben wir schon 2016 begonnen, 2017 kamen die ersten fahrzeugbegleitenden Uhren, 2020 stellten wir unseren Uhren-Konfigurator als zentrales neues Angebotsmodell vor. Zuvor mussten wir zunächst die logistischen und prozessualen Voraussetzungen schaffen. Zuvor, im Jahr 2018, entschieden wir uns, den Chronograph 1 neu aufzulegen. Dieser ist heute ein zweites wichtiges Standbein. Die Balance dieser beiden Angebote trägt uns heute.

» Wie entwickelt sich die ständige Kollektion weiter? Sie wollen nicht nur Porsche-Fahrer als Kunden haben, sondern auch andere Menschen, die einfach eine moderne, gut gestaltete und technisch anspruchsvolle Uhr wünschen.
Tatsächlich fokussieren wir uns derzeit vor allem auf den Porsche-Kunden und -Fan. Diese Zielgruppe ist unsere Basis. Der Chronograph 1 kommt aufgrund seiner Historie bei der gesamten Porsche-Community sehr gut an – und auch darüber hinaus. Das hat sich mit dem Chronograph 1 Utility fortgesetzt. So wachsen wir langsam, aber stetig über die Basis hinaus. Wie sich das entwi-

Gerhard J. Novak wurde 1968 in Wien (Österreich) geboren und ist seit 2013 General Manager Timepieces der Porsche Lifestyle Group mit Sitz in Ludwigsburg. Der studierte Betriebswirt war nach Stationen bei Cartier und Omega bereits zwischen 2007 und 2009 für Porsche-Design-Uhren zuständig, die seinerzeit bei der zur Porsche-Familienholding gehörenden Manufaktur Eterna produziert wurden. Nach einem Ausflug in die Welt der Designerbrillen (Swarovski/Silhouette und Porsche Design Eyewear) widmet sich Novak seit 2013 wieder voll und ganz den Zeitmessern.

ckelt, werden wir beobachten. Aber vollkommen ohne Druck. Unsere Strategie lautet nicht, möglichst viele Uhren zu verkaufen, egal an wen. Primär wollen wir den Porsche-nahen Kunden den Sportwagen ans Handgelenk bringen. Wenn das über die Community hinaus funktioniert, freuen wir uns natürlich umso mehr.

» Das wirkt sich aber unmittelbar auf die Modellpolitik aus. Bleiben dann technische Highlights, wie der Monobloc Actuator oder andere Ikonen von Porsche Design, für alle Zeit begraben?
Nein, auf keinen Fall. Wir wollten vielleicht am Anfang etwas zu viel auf einmal machen. Die Erfahrungen, die wir mit dem Monobloc Actuator bei der Produktentwicklung, bei der Technik, bei der Absicherung für die Serienreife und bei der Industrialisierung machen konnten, haben uns alle enorm vorangebracht. Von dieser Erfahrung haben wir sehr stark profitiert. Porsche Design hat in der Tat einige Ikonen in seinem Schatz. Solche können und wollen wir zu gegebener Zeit und zu gegebenem Anlass wiederbringen und neu interpretieren. Der Chronograph 1 ist noch am Anfang seines Lebenszyklus. Wir verkaufen derzeit maximal 1000 Exemplare pro Jahr, weil wir aufgrund unserer aktuellen Produktionskapazität derzeit noch eingeschränkt sind. Wir konzentrieren uns also zunächst darauf, den Chronograph 1 weiter zu etablieren. Dann sehen wir, ob wir ihm einen weiteren Klassiker zur Seite stellen. Wohlgemerkt, wir sprechen hier von einer Zeitspanne von fünf bis sechs Jahren.

» Verstehe ich das richtig, dass Sie eine eher langsame und behutsame Wachstumsstrategie bevorzugen?
Auf die Modellseite trifft das auf jeden Fall zu. Bei den Stückzahlen dagegen wachsen wir sehr schnell und wollen das weiter forcieren, auch wenn es uns in den vergangenen beiden Jahren buchstäblich Wachstumsschmerzen bereitet hat. Wir mussten dringend Entwicklungs- und Produktionskapazitäten erhöhen und werden es weiter tun. Das geht allerdings nicht von jetzt auf gleich. Bis unsere neue Manufaktur steht und bezogen ist, dauert es wohl noch ein Jahr. Wir hatten in der jüngeren Vergangenheit große Wartezeiten. So musste man auf den Chronograph 1 – All Black Numbered Edition fast zwölf Monate warten. Manche Kunden haben auf ihre fahrzeugbegleitende Uhr länger als auf ihr Fahrzeug gewartet. Das müssen wir natürlich verbessern. Gleichzeitig müssen wir die Qualität auch bei hochgefahrener Produktion absichern. Selbstverständlich haben wir neue

Produkte in der Pipeline, diese sollen aber in der gewohnten Top-Qualität und in angemessener Stückzahl auf den Markt kommen. Das ist unsere oberste Priorität.

» Dann hilft der geplante Umzug von Solothurn nach Grenchen also vor allem dabei, das vorhandene Modellprogramm schneller und sicherer zu produzieren und damit Wartezeiten zu verringern?
Exakt. Daneben hat er natürlich auch Einfluss auf unsere Vertriebsstrategie. Wir sind derzeit vor allem auf sechs Märkte fokussiert: Deutschland, Schweiz, Österreich, Großbritannien, Frankreich und die USA. In diesen Märkten machen wir 80 Prozent unseres Umsatzes. In Asien sind wir größtenteils noch nicht relevant vertreten. In Japan werden wir Anfang kommenden Jahres fahrzeugbegleitende Uhren einführen und gehen auch im Fachhandel größere Schritte. Dafür brauchen wir entsprechende Kapazitäten. Auch in den USA gibt es noch großes Potenzial. Wir haben im Mai bei den fahrzeugbegleitenden Uhren Kanada ins Netz genommen. Da sprechen wir von 25 Porsche Zentren. Wir werden dieses Jahr noch in die Porsche-Handelsorganisation in Spanien und Portugal gehen und in den kommenden Jahren erschließen wir weitere europäische Märkte. Allein aus der Ausweitung der Märkte wächst der Bedarf nach einer höheren Produktionskapazität.

» Wie läuft es denn in den deutschsprachigen Märkten? Sind Sie da zufrieden?
Auch hier geht es wieder um das Thema Kapazitäten. Wir hatten ein kleines, aber feines Fachhandelsnetz mit 28 Türen in Deutschland. Wir konnten sie aber beispielsweise mit dem Chronograph 1 nur zurückhaltend beliefern. Wir haben unser Netz angepasst, dieser Prozess ist aber noch nicht abgeschlossen. Derzeit sind wir bei rund 30 Juwelieren in Deutschland vertreten, 40 sollen es perspektivisch werden, denn wir gehen eher auf Klasse als auf Masse. In der Schweiz haben wir fünf Türen, in Österreich sechs. Das erscheint auf den ersten Blick nicht viel, aber die Kunst ist es, die Zahl der Verkaufspunkte und unsere Produktionskapazität sorgfältig auszubalancieren. Da muss man dann auch abwarten, wie beispielsweise das Geschäft in Japan anläuft. Da sehen wir großes Potenzial, aber eine exakte Prognose lässt sich nur bedingt stellen. Wir wollen alle Vertriebswege und alle Kundengruppen mit unseren fantastischen Zeitmessern bedienen. Wir werden aber keine riesigen Kapazitäten aufbauen, um diese dann in die Märkte zu drücken. Der Ansatz der Eigentümerfamilie lautet: Bauen Sie immer zwei Uhren weniger, als Sie verkaufen können.

» Um die Nachfrage zu befriedigen, brauchen Sie auch mehr Mitarbeiter. Was ist da geplant?
In der ersten Wachstumsphase braucht man zunächst mehr direkte Mitarbeiter, also Menschen in Entwicklung, Beschaffung, Logistik und Produktion. Danach müssen wir auch in den Märkten, in Vertrieb und Marketing aufbauen, um das Geschäft anzukurbeln und abzuwickeln.

» Haben Sie keine Sorgen, dass Sie überhaupt genügend Uhrmacher bekommen?
Nein, denn Grenchen ist eine Uhrmacher-Stadt. Hier sind große Marken und Zulieferer tätig, dazu sitzt hier eine große Uhrmacherschule. Das Potenzial an Fachkräften ist also sehr gut. Das ist auch einer der Hauptgründe gewesen, warum wir uns für diesen Standort entschieden haben. Die Leute arbeiten gerne bei uns, weil sie hier eine anspruchsvolle Arbeit haben. Bei uns baut jeder Uhrmacher immer eine Uhr von A bis Z und er baut sie oft für einen bestimmten Menschen. 70 Prozent der produzierten Uhren sind fahrzeugbegleitende Uhren, die individuell bestellt wurden. Das ist deutlich spannender, als Teilprozesse bei einem Volumenhersteller zu erledigen.

» Bei den genannten 70 Prozent sind die Porsche Zentren der wichtigste Vertriebskanal. Das sind aber keine Uhrenfachhändler. Wie managen Sie das, auch im Hinblick auf den Kundendienst?
Mit den fahrzeugbegleitenden Uhren haben wir in der Tat ein Alleinstellungsmerkmal. Das hat Vorteile, weil wir im Made-to-Order-Prinzip keinen Lagerbestand von fertigen Uhren haben müssen, andererseits birgt dieser Vertriebsweg aber auch Herausforderungen. Der Vertrieb ist virtuell, weil wir nicht jedes der 600 Porsche Zentren mit diversen Musteruhren beliefern können. Ein klassischer Verkauf wie beim Juwelier mit vorheriger Anprobe ist nicht möglich. Eine Uhr in unserem Preissegment ohne dieses Prozedere zu verkaufen, ist eine gewisse Herausforderung. Aber in allen Porsche Zentren gibt es geschultes Personal, das sich mit Uhren auskennt und beraten kann. Diese Mitarbeitenden verkaufen aktiv, weil sie ihre Kunden gut kennen und wissen, welche Autokäufer besonders Uhren-affin sind. Und auch, weil sie persönliches Interesse und eine Faszination für mechanische Armbanduhren haben. Top-Verkäufer bringen gut und gerne 50 Uhren im Jahr an die Handgelenke von Porsche-Fahrern. Das ist aber noch nicht flächendeckend der Fall. Da sehen wir noch enormes Potenzial, das wir kontinuierlich heben wollen und werden.

» Aber nochmals zum Thema Kundendienst: Was machen die Porsche Zentren im Servicefall? Die können doch keine Uhren reparieren, wahrscheinlich noch nicht einmal ein Band wechseln.
Wir verfügen über mehrere zertifizierte Servicezentren. Der Kunde bringt die Uhr zum Porsche Zentrum. Dort wird sie an das zuständige Servicezentrum weitergereicht. Der zentrale Ansprechpartner für den Kunden bleibt also derselbe, das ist uns wichtig und wird von den Kunden auch erwartet. Alternativ ist der Gang zu einem Fachhändler möglich. Mit einer Uhr von Porsche Design sind Sie dort ein gern gesehener Gast. Und die Bänder kann jeder Kunde dank unseres Schnellwechselsystems bequem selbst austauschen. ◆

02

VON HAND GEMACHT – DIE MANUFAKTUR

TACHYMETER
SAM
PORSCHE DESIGN
CHRONOMETER
CERTIFIED
FLYBACK

Den SPORTWAGEN im BLICK

Uhren von Porsche Design gibt es schon seit mehr als fünfzig Jahren. Seit 2014 ist Porsche Design Timepieces ein kompletter Uhrenhersteller. Der nutzt die Nähe zu Porsche, holt sich Rat bei Rennsport-Ingenieuren und setzt Konstruktionsprinzipien aus der Sportwagenfertigung im Uhrenbau um.

Text + Bilder: Martin Häußermann

Vermag eine Marke, die in ihrem Namen das Wort Design trägt, mehr als gut gestaltete Produkte zu erschaffen? Aber sicher! Gut und gut gestaltet gehen hier Hand in Hand. Gute Gestaltung hilft, Produkte zu verkaufen und ein Unternehmen zum Erfolg zu führen. Das beherzigt man bei Porsche Design ebenso wie bei der Konzernmutter Porsche. Beide Unternehmen sind seit 2014 enger zusammengerückt. Das gilt insbesondere für den Produktionsprozess.

Bei der Gründung im Jahr 2014 orientierte man sich nicht primär an traditionellen

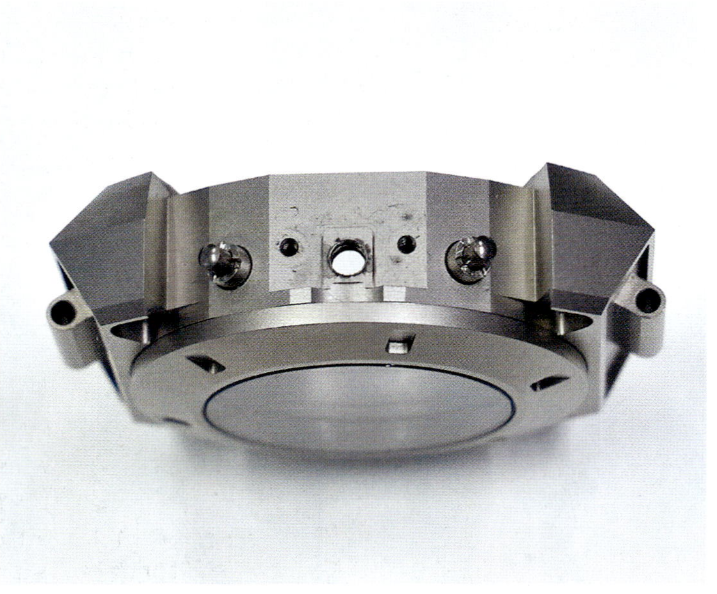

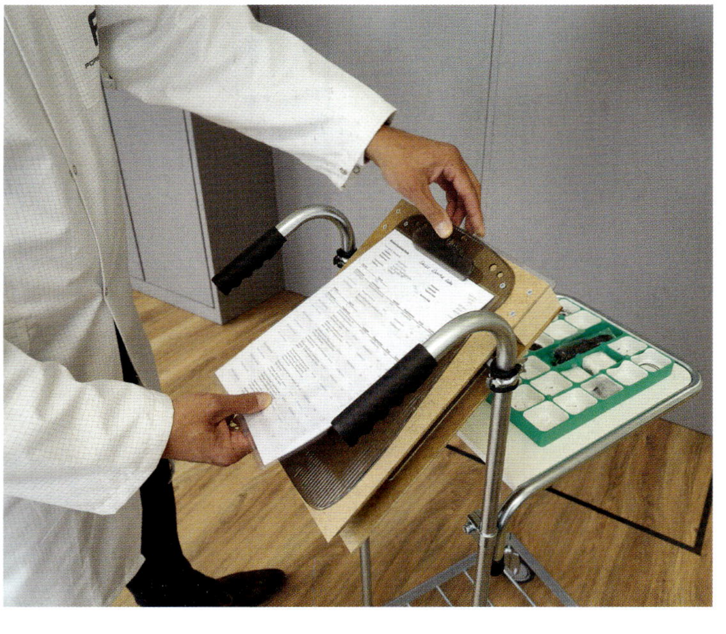

SCHLEPPHEBEL ZUR VENTIL-STEUERUNG WAREN DIE VORLAGE FÜR DIE UHREN-SCHALTWIPPE DES MONOBLOC ACTUATOR.

Uhrenmanufakturen. Das Vorbild war und ist die Porsche AG, das Entwicklungszentrum in Weissach ebenso wie die Fertigung in Stuttgart-Zuffenhausen. Weshalb das junge Unternehmen auch – ähnlich wie seinerzeit der Sportwagenhersteller – quasi als Ingenieurbüro startete. Das ist kein Zufall, schließlich arbeiten bei Porsche Design Timepieces an maßgeblicher Stelle einige Leute, welche die Porsche-Philosophie im Blut haben. Zum Beispiel der Geschäftsführer: Rolf Bergmann ist studierter Fertigungstechniker und war viele Jahre als Produktionsmanager in Zuffenhausen aktiv. Als solcher kennt er die Organisation von Fertigungsprozessen: «Uhren sind wie Autos technische Produkte, entsprechend können wir hier viel übernehmen.» Das reicht von der Erstellung von Stücklisten für ein Produkt über die Qualitätssicherung schon bei der Produktplanung bis hin zum Fertigungsablauf. Das alles muss man zwar kontrollieren können, aber man muss nicht alles selbst machen. Porsche ließ beispielsweise sein erfolgreiches Modell Boxster von 1997 bis 2010 bei Valmet Automotive in Finnland fertigen. Das mag auch Rolf Bergmann im Hinterkopf haben, denn die Anzahl der bei Porsche Design Timepieces direkt angestellten Uhrmacher ist noch vergleichsweise klein.

Einer seiner wichtigsten Berater war Hubert Schlichtenmaier, der von 1976 bis 2014 für Porsche in Weissach arbeitete, unter anderem als Vorstandsassistent und rechte Hand des einstigen Rennleiters Peter Falk. Dieses Wissen und auch die Kontakte bringt der Maschinenbau-Ingenieur von Anfang an bei Porsche Design Timepieces ein: «Für einen Uhrenfan wie mich ist das eine äußerst reizvolle Aufgabe.» Ein solches Unterfangen ohne Know-how im Uhrenbusiness zu starten, wäre allerdings leichtfertig gewesen, weshalb von Anfang an auch der Branchenkenner Gerhard Novak mit an Bord ist. Gemeinsam entschlossen sich die Verantwortlichen, das Unternehmen zunächst in Solothurn anzusiedeln. Zwar atmet man dort nicht direkt die Geschichte der Schweizer Uhrmacherei, doch strategisch liegt Solothurn durchaus günstig, wie Rolf Bergmann betont: «All unsere Zulieferer liegen im Umkreis von nicht mehr als einer Autostunde.» Auch Zuffenhausen und Weissach sind in einigermaßen erträglicher Zeit zu erreichen. Die Nähe zum Automobilbau spielt beim Uh-

EINE BUNTE MISCHUNG: UHREN WERDEN BEI PORSCHE DESIGN STRENG AUFTRAGSBEZOGEN GEFERTIGT.

Die **Nähe zum Auto** spielt beim Uhrenbauer **keine kleine** Rolle.

renhersteller keine kleine Rolle – auch bei der Materialwahl.

Titan ist im Motorsport, speziell im Motorenbau, praktisch unersetzlich. Zu seinen herausragenden Eigenschaften gehören unter anderem hohe Festigkeit, geringes spezifisches Gewicht und nahezu perfekte Korrosionsbeständigkeit. «Das ist alles auch für den Uhrenbau interessant, hinzu kommt noch, dass Titan hypoallergen ist, also auch sensible Träger nicht belastet. Eigentlich wundert es mich, dass nicht alle Uhren aus Titan sind», gibt Bergmann zu. Nun gut, Uhren von Porsche Design Timepieces sind aus Titan. Alle. Darauf haben sich die Verantwortlichen von Anfang an festgelegt.

Das galt schon für das Erstlingswerk des jungen Unternehmens. Unter dem Namen Timepiece No. 1 legte Porsche Design den Orfina-Chronographen mit aufgefrischter Optik neu auf. Aus der einst schwarz eloxierten Stahluhr wurde eine Titanuhr mit schwarz beschichtetem Gehäuse – in einer limitierten Stückzahl von 500 Exemplaren. Weitere 500 Ausfertigungen dieser Uhr kamen als Chronograph Titanium Limited Edition im grauen Titangehäuse auf den Markt. Mit dieser Edition erhielt die einst von F. A. Porsche gezeichnete Uhr ihr drittes Leben.

AUS SOLCHEN REGALEN PICKEN DIE UHRMACHER DIE AUSSTATTUNGSTEILE FÜR JEDE INDIVIDUELLE UHR.

ROLF BERGMANN MIT PORSCHE-NOCKENWELLE UND PORSCHE-DESIGN-UHR.

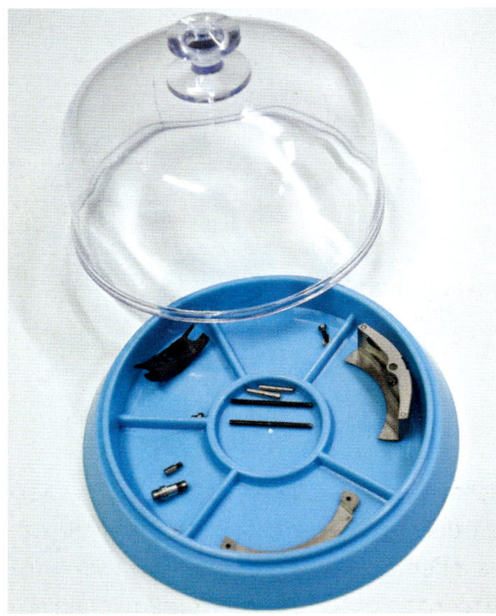

AUS DIESEN EINZELTEILEN ENTSTEHT DIE SCHALTWIPPE DES MONOBLOC ACTUATOR.

Eine Renaissance erfuhr auch der Titan-Chronograph mit den versenkten Drückern, den einst die IWC baute. Die Marke aus Schaffhausen bekam seinerzeit den Auftrag, weil sie die erste war, die den zähen Werkstoff Titan beherrschte. Für Porsche Design Timepieces und seine Zulieferer ist der Umgang mit Titan heute ein gelernter Prozess. Eine Neuinterpretation des Klassikers lag auf der Hand. Dieser bekam den Modellnamen Monobloc Actuator, dessen Entwicklung den Prozess bei Porsche Design Timepieces durchaus exemplarisch nachzeichnet.

Wir beginnen beim Design. Da ist immer das Design Studio in Zell am See gefragt, wo Roland Heiler bis 2023 das gestalterische Erbe von F. A. Porsche hütete. Eine schnöde Replika eines alten Erfolgsmodells kam für den damaligen Chefdesigner nicht infrage, eine moderne Interpretation hingegen schon, weshalb sich das Team um Heiler den Titan-Chronographen genauer anschaute, der aus heutiger Sicht ein Meilenstein des Uhrenbaus ist. Seine Grundform ist zeitlos, da sind wir wieder beim Elfer. Aber auch dieser hat sich im Laufe der Zeit verändert, wurde größer und optisch nachgeschärft – ohne dabei seinen Charakter zu verlieren. So ging man auch bei der Neugestaltung des Titan-Chronographen zu Werke, der als Monobloc Actuator Furore machte und in diesem Heft noch ausführlich vorgestellt wird.

Die Designer ersannen anstelle der beiden Drücker eine Wippe, die sich harmonisch ins Gehäuse einfügt, aber technisch eine echte Herausforderung darstellte. Die befragten Gehäusebauer schlugen zunächst eine einseitige Lagerung der Wippe vor, um nicht mit dem Kronentubus in Konflikt zu geraten. Da die beweglich ausgeführte Gehäuseflanke beim Betätigen der Chronographenfunktion sehr knapp über das Deckglas der Uhr streicht und eine äußerst exakte seitliche Führung braucht, erschien Geschäftsführer Rolf Bergmann die fliegende Lagerung nicht als der Weisheit letzter Schluss. «In solchen Situationen nehme ich den Telefonhörer in die Hand und rufe in Weissach an», gibt Bergmann mit einem verschmitzten Lächeln zu. Dort erfuhr er, dass mechanisch stark belastete Teile im Motor immer beidseitig gelagert werden. Auf sein Bitten entstand in Weissach eine Alternativ-Konstruktion. «Damit bin ich zu unserem Gehäusehersteller gegangen. Wir waren uns schnell einig, dass dies die bessere Lösung ist», berichtet Bergmann, der von seinen Zulieferern begeistert ist: «Da haben wir sehr gute Partner gefunden. Die hören bei Kundenwünschen gut zu und sind für Verbesserungsvorschläge jederzeit offen.»

Heraus kam eine patentierte Lösung, die einem Schlepphebel-System zur Ventilsteuerung in einem Automotor gleicht, inklusive vergleichbarer Lösungen bei der Abdichtung des Systems. Zur Prüfung der Funktions-

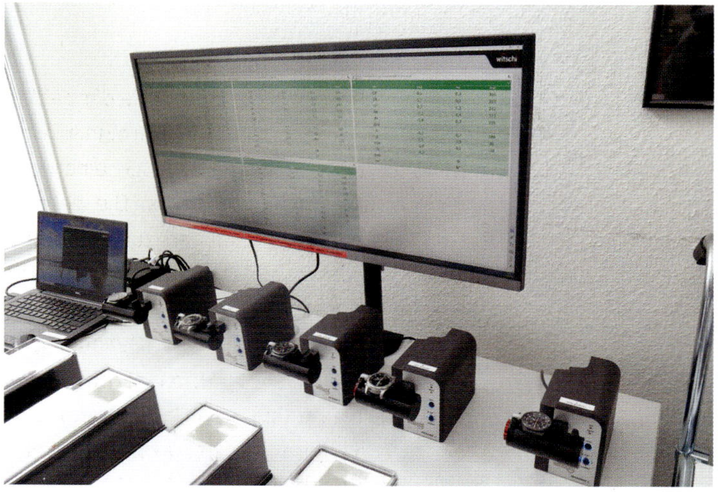

Oben: Vor der Auslieferung werden alle Uhren noch einmal sorgfältig kontrolliert.

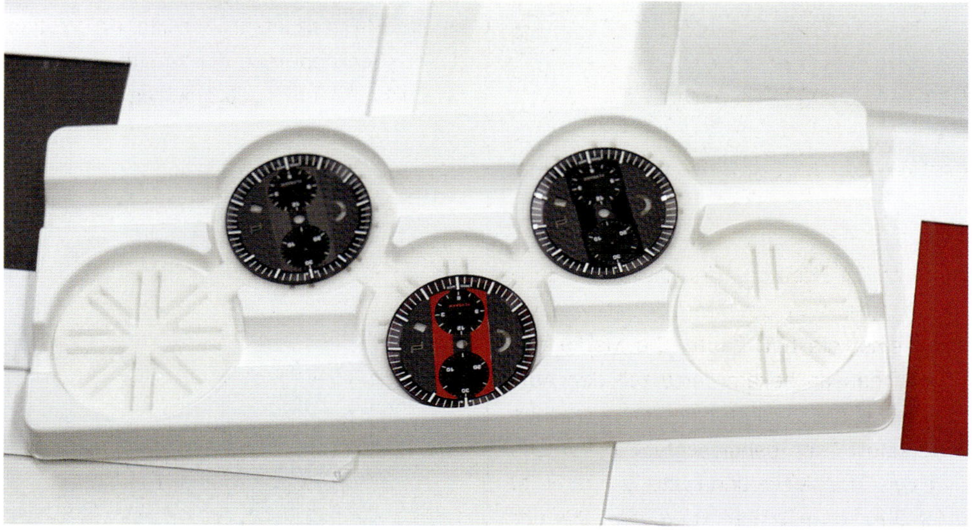

Links: Die Zifferblätter für den Chronographen zum Porsche 911 Turbo S Exclusive sind auf die Wagenfarben abgestimmt.

Highlight in Schwarz: Der Monobloc Actuator.

sicherheit und Wasserdichtheit entwickelten die Ingenieure eine Maschine, mit der sie innerhalb kurzer Zeit 10.000 Drückerbetätigungen unter Wasser vornehmen konnten. Damit übertrafen sie selbst die strengsten Schweizer Qualitätsvorschriften um das Dreifache.

«Wir sind dem Porsche-Prinzip gefolgt, dass unser Produkt deutlich mehr aushalten muss als vorgeschrieben», sagt Gerhard Novak. «Deshalb haben wir unseren kompletten Entwicklungsprozess inklusive aller Maßnahmen der Qualitätssicherung an den Porsche-Entwicklungsprozess angelehnt», ergänzt sein Kollege Bergmann. Da sind auch Robustheit und Alltagstauglichkeit des Produktes gefragt, weshalb das Saphirglas zwecks bester Ablesbarkeit beidseitig siebenfach entspiegelt wurde – und praxisgerecht kratzfest ausgeführt. Wobei von der Chronographenwippe keine Gefahr ausgeht. Doch die Führung ist so präzise und die Fertigungstoleranzen sind so eng gewählt, dass die Wippe berührungslos, wie auf einem Luftkissen, übers Glas gleitet.

Eine solche Uhr wird nicht in riesigen Stückzahlen gefertigt. Das gilt noch viel mehr bei den sogenannten fahrzeugbegleitenden Uhren, die 2017 eingeführt wurden. Porsche präsentierte den 911 Turbo S Exclusive, und Porsche Design Timepieces lancierte dazu die Uhr, die in Design und Materialität ganz nahe am Sportwagen ist. Jeder Käufer – und nur dieser – kann eine solche bestellen, muss es aber nicht. Da ist eine enorm flexible Fertigung vonnöten, damit Fahrzeug und Uhr nach Möglichkeit gleichzeitig ausgeliefert werden können.

Die Fähigkeit zur Flexibilität ist seit der Einführung des Uhren-Konfigurators noch mehr gefordert. Den Konfigurator stellen wir an anderer Stelle des Heftes vor, doch zur Erklärung des Fertigungsprozesses gehen wir auch hier kurz darauf ein. Nur das Zifferblatt ist bei jeder Uhr aus dem Konfigurator schwarz-weiß – wie ein Porsche-Tacho. Zifferblattring, Bänder, Nähte, Rotor – all das kann der Porsche-Kunde selbst individuell konfigurieren. Beim Zifferblattring stehen alle verfügbaren Wagenfarben des Porsche 911 zur Wahl. Bei den Lederbändern kann man auf alle Porsche-Interieurleder zurückgreifen. Dabei handelt es sich exakt um das gleiche Kalbsleder und die gleichen Farben wie im Fahrzeug, nur entsprechend dünner verarbeitet. Es wird auch mit demselben – nur eben dünner gesponnenen – Garn abgesteppt wie Porsche-Sitze. Alle möglichen Variationen aufzuzählen, würde das Platzangebot an dieser Stelle sprengen. Geschäftsführer Rolf Bergmann hat anhand der veränderbaren Farb- und Ausstattungsvarianten ausgerechnet, dass sich mit dem bestehenden System über 300 Millionen einzigartige Uhren darstellen lassen.

Möglich wird dies, weil Porsche Design – als bisher einziger Schweizer Uhrenhersteller – die sequenzielle Fertigung beherrscht. Porsche Design hat eben nicht nur den Konfigurator, sondern auch das Fertigungskonzept der Porsche AG auf den eigenen Bereich adaptiert. Damit ist man in der Lage, nachei-

Die Uhr zum Auto: Porsche Design Chronograph mit Aufzugsrotor im Felgendesign.

911 Dakar
SON 4
PORSCHE DESIGN
CHRONOMETER
CERTIFIED
FLYBACK
TiC

INTERVIEW

ROLF BERGMANN

» Porsche Design bekommt 2025 eine neue, deutlich größere Produktionsstätte in Grenchen. Ist dies der Weg zum Großserienhersteller?

In der Automobilindustrie würde man uns heute schon als Serienhersteller bezeichnen. Aber an unserem Produktionsprinzip ändert sich nichts. Es bleibt bei der Losgröße eins. Das liegt an der großen Varianz unseres Angebotes. Wir bauen auch keine Uhr auf Lager. Hinter jeder produzierten Uhr steht bereits ein Käufer. Der Kundenauftrag ist unsere Basis, deshalb werden wir nie 100 gleiche Uhren auf einmal bauen.

» Was wird sich dann ändern?
Vor allem die Produktionskapazität. Wir haben mehr Platz, können mehr Menschen beschäftigen, können also mehr individuelle Uhren fertigen. Schließlich ist unser Produktionsprinzip skalierbar. Mehr Fläche bedeutet aber auch, dass wir unsere Prozesse noch besser gestalten können. Wir bekommen zum Beispiel einen Reinraum, das ermöglicht eine durchgehend kontrollierte Fertigungsumgebung. So werden potenzielle Nacharbeiten aufgrund von Staubeinschlüssen reduziert. Vereinfacht gesagt: Qualitativ hochwertige Uhren herzustellen, wird dort viel besser möglich sein als bisher.

» Spart man sich mit dem Umzug externe Dienstleister?
Derzeit arbeiten wir nur in der Logistik mit externen Dienstleistern, die für uns Teile lagern und anliefern oder Transport- und Verzollungsaufgaben übernehmen. Wie dies in der Zukunft laufen wird, werden wir sehen. Wir überprüfen unsere Logistikprozesse regelmäßig.

> «Titan ist ein hervorragender Werkstoff, Titancarbid die logische Weiterentwicklung.»

» Zumindest zum Start von Porsche Design Timepieces wurden Uhren noch extern endmontiert. Hat sich das geändert?
Ja, diesen Prozess haben wir zu 100 Prozent ins eigene Haus geholt. Das war ein fließender Prozess, den wir 2020 komplett abgeschlossen haben. Seitdem wir Custom-built Timepieces herstellen, haben wir auf Just-in-time-Fertigung umgestellt und erledigen diese komplett inhouse.

» Wird man sich weitere Uhrwerkskompetenz ins Haus holen?
Kurzfristig werden wir mit derselben Fertigungstiefe weiterarbeiten wie jetzt. Mittel- und langfristig ist aber einiges vorstellbar, beispielsweise dass wir Arbeitsumfänge ins Haus holen, die bislang Zulieferer für uns erledigen.

» Wie viele Mitarbeiter arbeiten derzeit in der Produktion?
Bei uns in Solothurn arbeiten derzeit rund 40 Kolleginnen und Kollegen, davon sind 15 Uhrmacher und Logistiker. Der Rest beschäftigt sich mit Administration, also Einkauf, Produktions- und Logistikplanung, Qualitätssicherung, Entwicklung und Projektmanagement.

Dipl.-Ing. Rolf Bergmann, Jahrgang 1972, ist seit 2014 Technischer Geschäftsführer der Porsche Timepieces AG. 1997 schloss er sein Studium an der Hochschule Köln als Dipl.-Ing. der Fertigungstechnik ab. Danach stieg er beim Sportwagenbauer Porsche ein, wo er 20 Jahre lang in verschiedenen Funktionen tätig war, zuletzt als Leiter Planung und Logistik in der Fahrzeugmontage. 2007 wechselte Bergmann zu Porsche Design.

» Ist es geplant, mehr Mitarbeiter einzustellen?
Klar! Wenn wir mehr Uhren bauen wollen, brauchen wir dafür mehr Leute. Die können wir dort auch einstellen, weil wir dafür die notwendige Fläche haben. Das zieht sich über alle Arbeitsbereiche.

» Wird sich in Richtung Gehäusematerialien etwas ändern?
Titan und Titancarbid – das sind unsere Materialien. Titan ist ein super Werkstoff und Titancarbid die logische Weiterentwicklung. Materialinnovation hat bei Porsche Design eine lange Tradition. 1980 brachte Porsche Design den ersten Chronographen aus Titan auf den Markt. Modelle aus Edelstahl oder Edelmetalle sind bei uns auf absehbare Zeit nicht vorstellbar. ◆

03
INNOVATION

TiC
Dakar
MON
8
PORSCHE DESIGN
CHRONOMETER
CERTIFIED
FLYBACK
SWISS
MADE

AUS DEM STAUB

Innovative Materialien: TITANCARBID

Porsche Design Timepieces ist alles andere als ein klassischer Uhrenhersteller. Das gilt für Entwicklung, Herstellung und Vertrieb. Auch beim Material geht man in Solothurn eigene Wege.

Text und Bilder: Martin Häußermann

Seit der Neuausrichtung der Marke im Jahr 2014 und der Gründung des neuen Entwicklungs- und Produktionsstandorts in Solothurn werden grundsätzlich alle Uhren des Hauses in Titangehäuse eingeschalt. Das Material hat bei Porsche Design eine lange Tradition. 1980 stellte die Marke den weltweit ersten Titan-Chronographen vor, der in Kooperation mit IWC Schaffhausen entwickelt und produziert wurde. F. A. Porsche war von dem Material fasziniert, das auch im Sport- und Rennwagenbau seine Überlegenheit bewiesen hatte – etwa beim legendären Rennwagen Porsche 917, dessen Kurbelwelle und Pleuel aus Titan gefertigt waren. Titan ist bei gleicher Festigkeit viel leichter als ein vergleichbares Bauteil aus Stahl. Und so konstruierte und gestaltete F. A. Porsche einen Chronographen, wie man ihn zuvor noch nicht gesehen hatte. Das Design mit seinen versenkten Drückern und den organischen Formen erschien ziemlich revolutionär. Die Verwendung von Titan war es ebenfalls, schließlich galt es zu dieser Zeit und mit den damals vorhandenen Maschinen als nur schwer zu bearbeiten. Bei der IWC meisterte man das Material, weil man einen ausgewiesenen Spezialisten in Fertigungstechnik und Metallurgie beschäftigte: den Diplom-Ingenieur Lothar Schmidt, heute Inhaber der Firma Sinn Spezialuhren.

Tempi passati. Heute ist Titan ein technisch beherrschbarer und in der Uhrenbranche allgemein anerkannter Werkstoff, nicht zuletzt aufgrund seiner biokompatiblen, antiallergischen Eigenschaften. Just aus diesem Grund wird Titan in der Medizin für Implantate genutzt. In der täglichen Praxis kommt eine Uhr ständig mit aggressivem Hautschweiß in Berührung. Das stört Titan ebenso wenig wie der Kontakt mit Salzwasser beim Schwimmen.

Selbst Rolex, ein erwiesenermaßen konservativer und qualitätsfanatischer Uhrenhersteller, präsentierte mit der Deepsea Challenger eine Titanuhr. Der Hintergrund der Materialwahl war hier das Gewicht. Ein solches Monument von einer Uhr wäre in Stahl buchstäblich untragbar gewesen. Zur Veranschaulichung: Ein Würfel aus der im Uhrenbau gebräuchlichen Stahllegierung 316L mit zehn Zentimeter Kantenlänge wiegt

7,8 Kilogramm, der gleiche Würfel in Titan aber nur 4,5 Kilogramm. Auch in der Härte ist Titan dem Werkstoff Edelstahl überlegen. Titan (Grad 5) kommt auf eine Oberflächenhärte von 350 Vickers, während Edelstahl 316L nur bei 220 Vickers liegt. Härter sind lediglich noch geschmiedete Edelstähle sowie Keramiken.

«Weil Titan bei uns als Material gesetzt ist, stellte sich uns die Frage, welche Keramik sich mit Titan machen lässt», erläutert Rolf Bergmann, Geschäftsführer von Porsche Design Timepieces, den Grundgedanken bei der Suche nach einem neuen Gehäusematerial, das auf jeden Fall leichter als die im Uhrenbau gängige Keramik Zirkonoxid sein sollte.

Komplett neu mussten die Uhrenbauer das Rad aber nicht erfinden, denn die Keramik Titancarbid existierte bereits. Sie wird im Werkzeugbau als Beschichtung verwendet, wie der gelernte Werkzeugbauer Bergmann wusste: «Doch mussten wir das Thema auf das nächste Level heben, schließlich wollten wir keine Beschichtung wie bei unseren ge-

LINKS: DAS KÜRZEL TIC AUF DEM ZIFFERBLATT KENNZEICHNET DAS GEHÄUSEMATERIAL.

UNTEN: IN EINEM SCHAUKASTEN ZEIGT PORSCHE DESIGN DIE SECHS STADIEN VON TITANCARBID – VOM PULVER BIS ZUM FERTIGEN UHRENGEHÄUSE.

RECHTS: DAS TITANCARBID-PULVER KOMMT IN SEINER FEINHEIT DEM HAUSSTAUB SEHR NAHE.

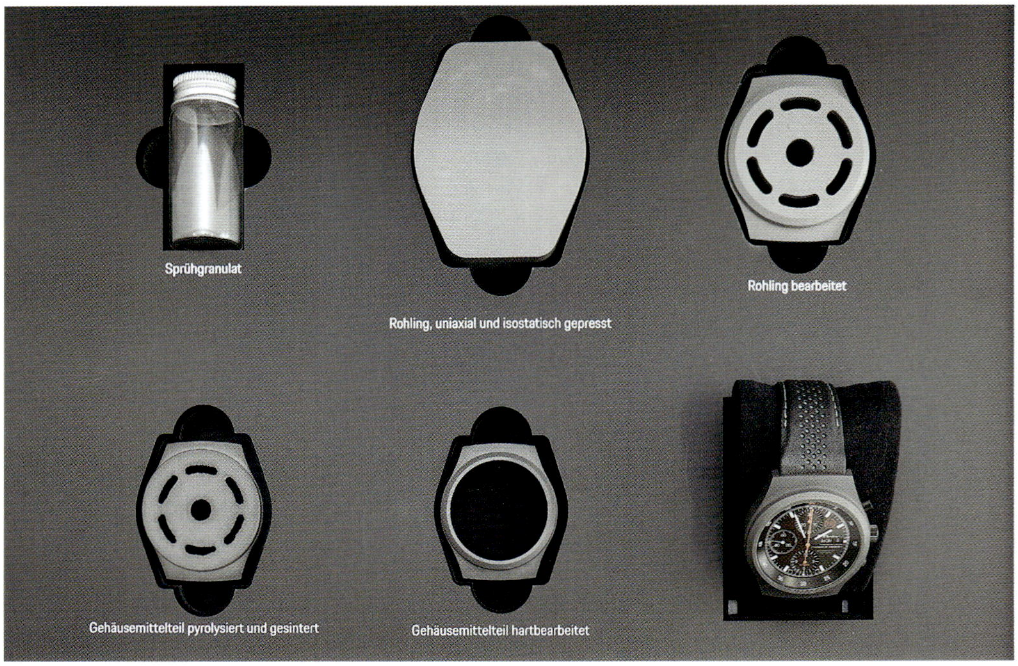

schwärzten Uhren, sondern komplett durchgefärbtes Material haben.»

Gemeinsam mit einem Gehäusebauer wurde ein Verfahren entwickelt, das Rolf Bergmann schlüssig beschreibt, allerdings auch bewusst lückenhaft: «Wenn ich alles erzählen würde, könnten Spezialisten dies schnell nachvollziehen, und wir würden unseren Technologievorsprung einbüßen.» Die Grundlage der neuen Gehäuse ist ein dunkelgraues Pulver, so fein wie Staub. Es verwandelt sich durch die Zugabe eines Klebstoffs zu einer homogenen Masse, die sich mit einem Druck von mehreren Tonnen in eine Form pressen lässt, den sogenannten «Grünling». Dieser ist weich und lässt sich leicht bearbeiten, sodass die spätere Form des Uhrengehäuses schon erkennbar ist. Allerdings noch nicht die endgültige Größe – sie entsteht in einem Ofen in einem Prozess, der mehrere Tage lang dauert. Unter der Zugabe von Hitze und bestimmten Gasen wird das Bindemittel aus dem Grünling ausgebrannt. Das nennt der Fachmann «Pyrolysieren». Dann folgt das Sintern, bei dem das eigentliche Gehäusematerial miteinander verschmilzt.

Im Laufe der thermischen Bearbeitung schrumpft der Rohling erheblich. Das Ziel besteht darin, einen aufs Zehntel eines Millimeters maßhaltigen Gehäusekörper zu erhalten, dessen Oberfläche den hohen ästhetischen Ansprüchen des Uhrenbauers entspricht. Danach folgt die Hartbearbeitung des Rohlings. Schleifen, Drehen und Bohren sind ausnahmslos mit Diamantwerkzeug möglich, schließlich hat Titancarbid eine Vickers-Härte von 1900.

Eine Containerkonstruktion ist bei diesem Gehäusematerial unumgänglich: In Titancarbid lassen sich keine Gewinde schneiden. Das Bohren von Löchern inklusive Senkungen geht aber schon, und so wird das Uhrwerk in einem passgenauen Titancontainer aufgenommen, der seinerseits mit vier Schrauben mit der Schale verbunden wird. So kann auch der Boden aus Titan – natürlich mit Titancarbid-Beschichtung – zentral verschraubt werden.

Auf den Zifferblättern der so ausgestatteten Uhren – neben dem auf diesen Seiten präsentierten limitierten Chronograph 1 – 911 Dakar ist dies auch der Chronograph 1 Utility – ist in Rot und in einem roten Kreis das chemische Kürzel TiC gedruckt. Das darf man als kleines historisches Zitat verstehen. ◆

60
TACHYMETER
65
70
75
80
90
100
110
120
140
160
180
200
250
330
30
20
10
PORSCHE DESIGN
CHRONOMETER
CERTIFIED
12
9
3
6
8
SWISS
MADE

04 AUTO & UHR

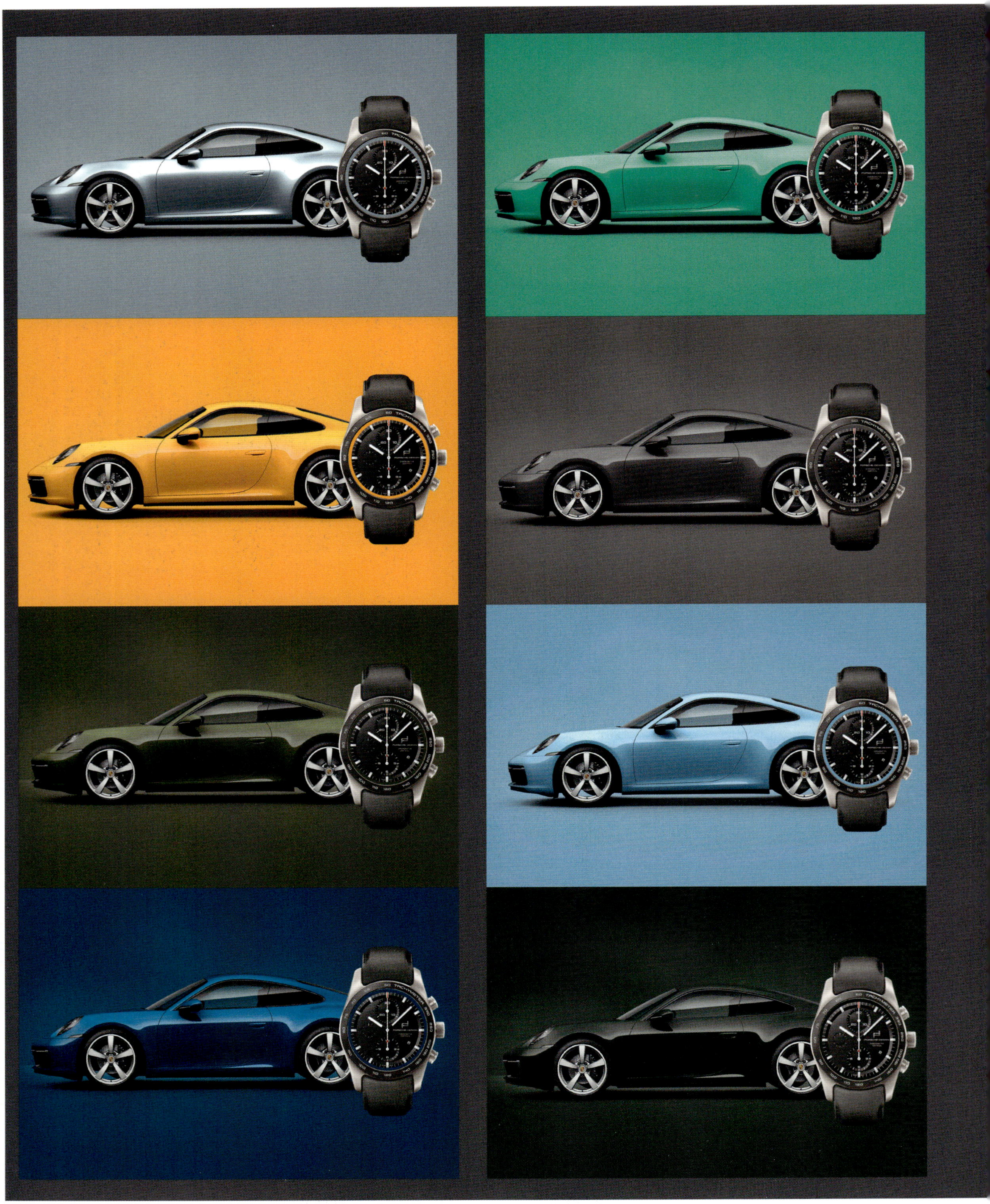

JUST IN TIME:

DIE UHR ZUM AUTO

Porsche Design Timepieces unterhält einen Konfigurator, mit dem sich die Uhren am Bildschirm bis ins Detail personalisieren lassen – in gleicher Weise wie die Sportwagen aus Zuffenhausen.

Text: Peter Braun

Der Höhenring um das Zifferblatt in Enzianblau, das Armband aus demselben schiefergrauen Leder wie die Sitze und der Aufzugsrotor im klassischen Look der Carrera-Felge mit zweifarbigem Porsche-Wappen – diese Uhr passt perfekt zu dem einen Porsche 911 draußen auf dem Parkplatz. Stimmiger und überzeugender kann man derzeit sicherlich keine Uhr personalisieren.

Die Uhrenmarke und der Sportwagenhersteller haben schon in der Vergangenheit eng zusammengearbeitet. Doch das System reicht weit über die Club-Uhrenkonzepte oder die «Porsche Design for Porsche»-Projekte der Vergangenheit hinaus: Die «Custom-built Timepieces» lassen sich in zahlreichen Ausstattungsdetails – Zifferblattring, Armbänder und Automatikrotor – exakt auf die Optik des eigenen oder erträumten «Elfers» abstimmen. Nahezu unendliche Gestaltungsoptionen stehen zur Verfügung, bis hin zur Farbe der Ziernähte an den Armbändern!

NOCH NIE WAREN SICH UHR UND AUTO ÄHNLICHER

Möglich wurde diese variantenreiche Optionsliste durch die Einführung der seriellen Uhrenherstellung nach dem Konzept aus dem Sportwagenbau. Fast sechs Jahre hat es gedauert, dieses hochkomplexe Projekt, das auf dem Just-in-time-Prinzip basiert, zu realisieren – ein absolutes Novum in der Uhrenwelt.

Beim Sportwagenhersteller bewährt sich das System schon seit Jahrzehnten. Die Arbeiter in der Motor- und Getriebeabteilung, der Lackiererei, dem Karosseriebau, der Fahrwerk-Vormontage und der Innenausstattung arbeiten zwar «am Band», doch sind die aufeinanderfolgenden Motoren, Karosserien und Interieurs nicht standardisiert und stets vom selben Typus, sondern – unterstützt und ermöglicht durch den Fahrzeug-Konfigurator – sehr unterschiedlich.

Jede Baugruppe bzw. jedes Fahrzeug hat eine individuelle Konfiguration, und ein ausgeklügeltes Beschickungssystem stellt an jedem Arbeitsplatz zur rechten Zeit und in der richtigen Reihenfolge sortiert die benötigten

Eine Besonderheit ist die Fertigung des Armbands aus demselben Leder wie die Sitze im eigenen «Elfer» – inklusive der Farbe der Steppnaht.

Einzelteile für die Montage zur Verfügung. Die Arbeitsabläufe werden im Voraus geplant, weil die benötigten Komponenten aus anderen Abteilungen oder von externen Zulieferern beschafft und «just in time» angeliefert werden müssen. «Das Prinzip der Null-Fehler-Toleranz war eine notwendige Voraussetzung, um ein derartiges Uhrenkonzept umsetzen zu können. Eine Fertigung auf Vorrat ist bei sehr individualisierten Zeitmessern mit derart großer Varianz nicht möglich», erläutert Rolf Bergmann.

Wie im Porsche-Stammwerk in Stuttgart-Zuffenhausen sind auch in der Porsche-Design-Uhrenmanufaktur in der Schweiz die montagefertigen Einzelteile für jeden Auftrag passgenau zusammengestellt und in der korrekten Reihenfolge vorsortiert. Nur dass es sich hier nicht um Karosserien, Motoren, Getriebe, Armaturenbretter, Sitze und Felgen, sondern um Uhrengehäuse, Zeiger, Uhrwerke, Aufzugsrotoren und Armbänder handelt.

Der neuartige Uhren-Konfigurator (ITC – Internet Timepiece Configurator) orientiert sich in der Menüführung und auch optisch an dem bekannten Fahrzeug-Konfigurator von Porsche. Analog zur 911-Baureihe ist die Uhr digital bis ins kleinste Detail nachgebildet, um den Kunden eine möglichst detailgetreue Vorstellung von ihrem Wunsch-Chronographen zu bieten. Sämtliche Ausstattungsmerkmale sowie der Preis der jeweiligen Konfiguration werden in Echtzeit angezeigt.

«CUSTOM-BUILT TIMEPIECES»

Titan und schwarz beschichtete Gehäuse begründeten vor rund fünfzig Jahren den Ruf der Porsche-Design-Uhren. Deshalb betrifft die erste Wahl, vor die der Konfigurator den Kunden stellt, das Finish des Titan-Uhrengehäuses – entweder glasperlgestrahlt oder schwarz mit Titancarbid beschichtet. Das me-

Über **300 Millionen** Gestaltungsoptionen stehen zur Verfügung, von der Farbe des Zifferblattrings bis zum Armband.

Durch die farbliche Kombination von Zifferblattring und Band sowie die Gestaltung des Aufzugsrotors im Felgen-Design lässt sich die Uhr an das Auto anpassen.

chanische Chronographenkaliber mit der Bezeichnung WERK 01.100 basiert auf dem bewährten «Valjoux»-Kaliber, das bereits den ersten Porsche-Design-Chronographen angetrieben hatte, und verfügt über einen automatischen Aufzug. Die neu gestaltete Rotorschwungmasse im Stil einer originalen Neunelfer-Felge lässt sich von der Flankenfarbe bis zum Porsche-Wappen individuell gestalten.

Neben dem Chronographen ist auch der Globetimer im Programm der Custom-built Timepieces erhältlich. Als Serienuhr ist die intuitiv zu bedienende Weltzeituhr mit Automatikaufzug bereits seit 2019 ein Teil der Porsche-Design-Kollektion. Vielreisende schätzen die ausgezeichnete Ablesbarkeit und die markentypisch radikal vereinfachte Bedienbarkeit. So lässt sich der Stundenzeiger über die beiden Gehäusedrücker in Stundenschritten vorwärts und rückwärts auf eine neue Ortszeit einstellen, ohne in den Lauf von Minuten- und Sekundenzeiger einzugreifen. So bleibt die präzise Einstellung der Uhrzeit erhalten – schließlich handelt es sich bei dem exklusiven Globetimer-Kaliber WERK 04.110 um einen von der offiziellen Schweizer Prüfstelle COSC zertifizierten Chronometer von höchster Ganggenauigkeit.

Während die Ortszeitverstellung beim Überschreiten der Datumsgrenze den kurzen Datums-Pfeilzeiger mitnimmt, konserviert der lange Pfeilzeiger auf die 24-Stunden-Anzeige an der Lünette die Heimatzeit des Reisenden. Das unscheinbare Farbfenster neben der «9» offeriert dem Nutzer, ob die angezeigte Uhrzeit vor oder nach Mittag (a.m./p.m.) zu verstehen ist, was bei einer Weltzeituhr mit Datumsfunktion eine gern angenommene Einstellhilfe darstellt.

Die Armbänder aller Custom-built Timepieces sind aus echtem Porsche-Leder gefertigt und werden mit denselben Garnen wie die Sitze und Armaturenträger im Elfer vernäht. Auch die Farbpalette ist ähnlich umfangreich wie das Angebot für das Interieur – inklusive der wahlweise angebotenen Titan-Gliederbänder stehen über 300 Varianten zur Verfügung.

Die geschützt unter dem Deckglas montierten Zifferblattringe sind nicht nur in den serienmäßigen Lackfarben der aktuellen

Die Zifferblattringe sind in allen aktuellen Porsche-Exterieurfarben erhältlich – und in über **100 klassischen** Farbtönen.

Den Porsche Design Globetimer gibt es inzwischen auch passend zum Auto.

911-Generation, sondern auch in über hundert ikonischen Porsche-Farbtönen aus der Vergangenheit erhältlich. Dazu gehören unter anderem Gulfblau, Sternrubin und Mintgrün – farbenfrohe Liveries aus den 90ern, die unter Porsche-Fans Kultstatus genießen. Es sind natürlich nicht dieselben Lacke, denn bei der Fertigung von Uhren müssen diese verschiedene Anforderungen erfüllen, die für Sportwagen nicht gelten. Da die Uhrenkomponenten in der Regel sehr viel kleiner sind und zudem bedruckbar sein müssen, werden die Farbtöne analog abgestimmt und bis hin zu Metallic-Effekten angepasst. Auf Wunsch kann jede Uhr anhand einer Lasergravur auf dem Gehäuseboden zum ultimativen Einzelstück veredelt werden. Die Auslieferung der Uhr erfolgt zwölf bis 16 Wochen nach der Bestellung über ein teilnehmendes Porsche Zentrum in Deutschland, Österreich, der Schweiz, Frankreich, den USA und Kanada, dem Vereinigten Königreich, bald auch in Spanien und Portugal und kommendes Jahr in Japan. Weitere Märkte befinden sich in der logistischen Vorbereitung für das Custom-built-Timepieces-Programm. ◆

Vielreisende schätzen die **intuitive Bedienung** und die **klare Ablesbarkeit** des Globetimer.

Diese Uhr gab den Startschuss zum Thema fahrzeugbegleitende Uhren: Der Flyback-Chronograph für die Käufer des 911 Turbo S Exclusive Series.

DER KLEINE KREIS

Fahrzeugbegleitende Uhren

Geld und gute Worte reichen nicht – diese Uhren bekommt man nur, wenn man den passenden Porsche hat. Dennoch sind fahrzeugbegleitende Uhren von Porsche Design alles andere als Begleiterscheinungen.

Text: Martin Häußermann

Porsche Design beherrscht die Individualisierung hochwertiger Uhren wie keine zweite Marke. Der Uhren-Konfigurator, den wir auf den vorangegangenen Seiten vorstellten, belegt dies eindrucksvoll. Jeder Porsche-Fahrer kann seinen Porsche-Design-Chronographen in Farbe und Ausstattung passend zu seinem Auto bestellen. Und der Porsche-Fan, der noch keinen Sportwagen hat, konfiguriert seine Uhr nach seinem potenziellen Lieblingsfahrzeug.

Als wenn das nicht schon außergewöhnlich genug wäre, entwickelten die Manager von Auto- und Uhrenbauer noch ein spezielleres Konzept, bei dem Individualisierung und Exklusivität auf die Spitze getrieben werden. Dafür ist auf der Porsche-Seite die «Exclusive Manufaktur» zuständig, die Serienfahrzeuge des Hauses durch technische und optische Modifikationen zu limitierten Sondermodellen veredelt. Porsche Design bietet zu jeder limitierten Sportwagenserie eine ebenso limitierte Uhrenserie an.

Diese Uhren können Besteller oder Besitzer dieser Wagen kaufen – und sonst niemand. Idealerweise gibt der Fahrzeugkunde seine Uhrenbestellung gemeinsam mit der Fahrzeugbestellung ab und bekommt beides dann gemeinsam im Porsche Zentrum seines Vertrauens ausgeliefert – beide Objekte der Begierde selbstverständlich mit derselben Limitierungsnummer. Diese ist im Fahrzeug auf einer speziellen Plakette graviert, bei der Uhr auf dem Gehäuseboden. In jedem Fall folgt man der Maxime, die Ferry Porsche einst postulierte: «Wir legen mehr Wert darauf, besonders gute Fahrzeuge zu bauen, als besonders viele.»

Premiere feierte dieses Konzept erstmals im Jahr 2018 bei der Lancierung des Porsche 911 Turbo S Exclusive Series. Der Sportwagen glänzt mit enormen Leistungsdaten: von 0 auf 200 km/h in 9,6 Sekunden, 446 kW (607 PS) Leistung und eine Höchstgeschwindigkeit von 330 km/h. Dessen 3,8-Liter-6-Zylinder-Biturbo-Boxermotor leistet 19 kW (27 PS) mehr als der 911 Turbo S. Zu verdanken ist diese Leistungssteigerung dem Exclusive Powerkit, das ausschließlich dem 911 Turbo S Exclusive Series vorbehalten ist.

Dieses Kraftpaket hat auch die Techniker und Ingenieure bei Porsche Design nicht ruhen lassen. Sie schufen dafür ihr erstes eigenes mechanisches Uhrwerk. Drei Jahre investierte man in die Entwicklung des Chronographenkalibers WERK 01.200 mit einem Flyback-Mechanismus, der das Stoppen, Nullstellen und Starten in einem Vorgang zusammenfasst. In dem 4-Hertz-Automatikwerk werden eigene Uhrmacherkompetenz und Know-how aus dem Fahrzeugbau kombiniert. Die Federhausbrücke des Uhrwerks ist ausgeschnitten – nicht nur, um die Sicht auf die Flyback-Schaltung und das Räderwerk freizumachen, sondern auch, um das Leichtbauprinzip konsequent umzusetzen. Typisch Porsche Design ist das Uhrwerk ganz in Schwarz gestaltet. Der energieoptimierte Aufzugsrotor ist dem Design eines Leichtmetallrades nachempfunden und – je nach Wahl des Kunden – komplett schwarz oder mit goldenen Akzenten versehen.

Auch bei der Ausstattung wird immer wieder das Fahrzeug zitiert. Das Zifferblatt ist aus Karbonfaser gefertigt, was mit den markanten Sichtkarbon-Streifen des 911 Turbo S Exclusive Series korrespondiert, stilecht veredelt mit original Fahrzeuglack. Zur Wahl stehen bei Auto und Uhr die Farben Goldgelbmetallic, Carraraweißmetallic, Achatgraumetallic, Schwarz, Indischrot und Graphitblaumetallic. Bei 9 Uhr zeigt ein Hilfszifferblatt mit dem Schriftzug «911 Turbo S Exclusive Series» das Funktionieren des Uhrwerks an. Selbst beim Armband steht der Sportwagen Pate: Es ist aus demselben hochwertigen Leder und Garn wie die Fahrzeugsitze gefertigt und zeigt mit seiner markanten Perforierung die Liebe zum Detail. Möglich wird dies alles durch das spezielle Fertigungsprinzip von Porsche Design, das wir in Kapitel 2 bereits vorgestellt haben und das dem Sportwagenbau entlehnt ist.

Dazu gehört bei Porsche die Zahl 911 sowie das Wort Turbo. Beides zusammen feiert dieses Jahr Jubiläum. Auf dem Pariser Autosalon 1974 präsentierte Porsche erstmals den

Die Aufzugsrotoren übernehmen Form und Farben des Felgensterns inklusive der Nabenabdeckung.

911 Turbo. Fünf Jahrzehnte später begeht der Sportwagenhersteller diesen Anlass mit dem Sondermodell 911 Turbo 50 Jahre – und Porsche Design baut dazu die passende Uhr. Sie ist auf genau 1974 Exemplare limitiert und ausschließlich den Besitzern des Sondermodells vorbehalten.

Auch in diesem Fall spielt die Uhrenmanufaktur geschickt mit der Materialität und dem Design des Sportwagens. Das Titangehäu-

DIESER FLYBACK-CHRONOGRAPH BEGLEITETE DEN SUPERSPORTWAGEN 911 GT3 RS. MARKANT SIND DAS ZIFFERBLATT IN SICHTKARBON SOWIE DIE FARBAKZENTE IM ARMBAND – SIEHE AUCH SEITE GEGENÜBER.

ZUM JUBILÄUMSMODELL DES PORSCHE 911 TURBO GIBT ES EINE EDITIONSUHR VON PORSCHE DESIGN EXKLUSIV FÜR DIE 1974 KÄUFER DES SPORTWAGENS.

se steht für Leichtbau, der Aufzugsrotor ist dem Aluminiumrad nachempfunden, inklusive Rotorkappe im Design der Radnabenabdeckung. Beides ist in diesem Zusammenhang im exklusiven Farbton Turbonit gehalten, eine Abstufung verschiedener Grautöne. Das klassisch schwarze Lederarmband aus authentischem Porsche-Fahrzeugleder ziert original Porsche-Garn, ebenfalls im Farbton Turbonit. Angetrieben wird der Chronograph vom Porsche Design WERK 01.200, das als Chronometer von der COSC zertifiziert ist und über eine sportliche Flyback-Funktion verfügt.

So bringt Porsche Design wieder einmal einen ganz speziellen Sportwagen ans Handgelenk. Idee, Prinzip und Umsetzung sind in der Fahrzeug- wie auch in der Uhrenbranche einzigartig. Das macht ihren Erfolg aus. Fahrzeugbegleitende Uhren sind, wie gesagt, weit mehr als nur Begleiterscheinungen. ◆

Das bieten nur Porsche und Porsche Design: Die individuelle Uhr zum individuellen Auto. Von oben nach unten zeigen wir den 911 S/T, den 718 Spyder RS sowie den 911 Sport Classic.

Rothmans
S11
DUNLOP

UTILITY
MON 8
PORSCHE DESIGN
SIDEWAYS IS FASTER

Ice Race und F.A.T. Mankei

Jetzt fahr'n wir über'n See!

Aber nur, wenn er gefroren ist. Das Ice Race in Zell am See ist ein Motorsport-Event mit Tradition. Wiederbelebt hat diese Tradition Ferdi Porsche, der Urenkel von Ferdinand Porsche. Offizieller Timing-Partner ist Porsche Design. Wer sonst?

Text: Martin Häußermann

Ein bisschen verrückt muss man schon sein, um auf einem gefrorenen See Rennen zu fahren, motorsportverrückt und skiverrückt. Am 10. Februar 1952 war es so weit. Eine Handvoll Draufgänger schnallten ihre Skier an, hängten sich mit Seilen ans Heck bespikter Motorräder oder Autos und drehten auf dem Zeller See ihre waghalsigen Runden. Freiwillige hatten den zugefrorenen See so geräumt, dass eine rund 1800 Meter lange Rundstrecke entstand.

Skijöring nennt man diese Sportart, die aus Norwegen stammt. Ursprünglich wurden die Skifahrer von Pferden gezogen, aber in Zell am See mussten es schon Pferdestärken sein. Schließlich war die Stadt im Salzburger Land die Wahlheimat von Professor Ferdinand Porsche, wo er 1951 auch seine letzte Ruhe fand. Nach dem genialen Auto-Ingenieur und Gründer des Sportwagenherstellers Porsche wurde die Veranstaltung auch «Professor-Porsche-Gedächtnis-Eisrennen» genannt. Die Schweigeminute vor dem ersten Startschuss war ein Muss. Dann röhrten die Motoren – nicht zuletzt der des damals brandneuen Porsche 356. Die Premierenveranstaltung lockte Tausende von Zuschauern: Es wurden fast jedes Jahr mehr, bis 1974 ein tragischer Unfall passierte, auch wenn dieser nur indirekt mit dem Rennen zu tun hatte.

Danach ruhte der See im Winter still – bis Ferdi Porsche kam. Der Urenkel des Professors hauchte dem Rennen gemeinsam mit einem Studienfreund 2019 neues Leben ein. Sie nannten es GP Ice Race. Das Motorsport-Know-how lieferten die beiden ehemaligen Porsche-Werksfahrer Hans-Joachim Stuck und Richard Lietz. Der Rest war sehr viel Fleißarbeit. Einen Timing-Partner mussten die Initiatoren nicht lange suchen: Wenn ein Porsche-Nachfahre in Zell am See einen Motorsport-Event organisiert, kann es keinen anderen Uhrenpartner als Porsche Design geben. Schließlich liegt der Flugplatz, auf dessen Gelände das kurzweilige Ice Race inzwischen stattfindet, vom Porsche Design Studio gerade einmal einen Steinwurf entfernt. Als «offizieller Zeitnehmer» gehört es zum guten Ton, zu jedem Rennen ein entsprechendes GP-Ice-Race-Editionsmodell zu kreieren.

Vier Editionen sind mittlerweile erschienen. 2020 präsentierte man den Chronotimer GP Ice Race Special Edition. Dessen Gehäuse ist nach Art des Hauses aus Titan gefertigt und mit einer schwarzen, kratzresistenten Titancarbid-Beschichtung versehen. Pünktlich zum 50-jährigen Bestehen der Marke Porsche Design – und nach einer kurzen Covid-Pause – lancierte der Timing-Partner den Chronograph 1 – GP 2022 Edition – einen

Den Chronograph 1 – GP 2023 Edition zeichnet sein unbeschichtetes, seidenmattes Titangehäuse aus.

Rechte Seite: Das Werbegesicht für den Chronograph 1 Utility ist kein Geringerer als der zweifache Ski-Olympiasieger Aksel Lund Svindal. Unten links: Ferdi Porsche, daneben ein Bild der Eröffnungsveranstaltung der Eventlocation F.A.T. Mankei.

Wenn ein Porsche-Nachfahre Motorsport zelebriert, kann nur Porsche Design der Timing-Partner sein.

mattschwarzen Zeitmesser, der wie das Jubiläumsmodell 1972 Limited Edition auf dem Original von 1972 basiert und in streng limitierter Auflage von nur 50 Stück gefertigt wurde. Für den Chronograph 1 – GP 2023 Edition, der mit unbeschichtetem Titangehäuse an den Start ging, wurde eigens ein weißes Textilarmband entwickelt, mit dem die Uhr bequem über dem Skianzug getragen werden kann – beispielsweise beim Skijöring. Alternativ kann das Armband per Schnellwechselmechanismus gegen eine klassisch schwarze Variante aus Porsche-Fahrzeugleder getauscht werden.

Noch mehr Action verspricht der Chronograph 1 Utility – Limited Edition, den Porsche Design 2024 präsentierte. Inzwischen heißt das spektakuläre Rennen F.A.T. Ice Race. Hintergrund: Ferdi Porsche hatte die Marke «F.A.T. International» gekauft, die einem französischen Unternehmen gehörte, das als Motorsportsponsor bekannt war. Deren Logo prangte nicht zuletzt auf dem Siegerwagen der 24 Stunden von Le Mans 1994, einem Porsche 962.

Hier schließt sich nicht nur der Kreis, sondern es startet eine neue Geschichte. Denn F.A.T. International veranstaltet nicht nur das Ice Race, sondern versteht sich auch als Dachmarke, welche die Faszination Porsche in verschiedensten Varianten spielt. Nicht zuletzt mit dem F.A.T. Mankei, einem Mix aus Café, Restaurant, Unterkunft und Eventlocation, dem zu Ehren die Utility ein stilisiertes Murmeltier (im Pinzgauer Dialekt «Mankei») auf dem Zifferblatt trägt. Schließlich befindet sich die Location auf der Großglockner Hochalpenstraße. Diese diente schon Professor Porsche als Teststrecke für seine Entwicklungen und liegt auf der Route vom einstigen Porsche-Werk Gmünd in Kärnten nach Zell am See. Mehr Porsche-Bezug lässt sich in ganz Österreich nicht finden. Ein perfekter Ort also für Porsche-Fans. Die feierliche Saisoneröffnung im Mai ehrt Porsche in jedem Jahr mit einem speziellen Textil-/Lederarmband für den «Ice Race Chronographen». ◆

HERITAGE & IKONEN

05

60 km 1000
MON 8
PORSCHE DESIGN
SWISS
MADE
S HE 911

150
2
km/h
250
VDO
12
9
6
VDO
MEDIA
HOME

HERR **PORSCHE** UND DIE **UHREN**

Zeit vergeht, Design bleibt. So lautete das Motto zum 50. Jubiläumsjahr des Porsche Design Studio in Zell am See. Die Geschichte begann 1972 mit einem schwarzen Chronographen, der zum Jubiläum eine Neuauflage erfuhr.

Text : Peter Braun

Als die Familie Porsche sich 1972 aus dem operativen Geschäft der Porsche AG zurückzog und im Familiendomizil im österreichischen Zell am See ein Designstudio eröffnete, war eine Armbanduhr aus der Feder von Ferdinand Alexander («Butzi») Porsche das erste kommerzielle Produkt der jungen Firma. Mit schwarzem Gehäuse, schwarzem Band und schwarzem Zifferblatt übernahm der «Chronograph I» die gestalterische Maxime des Armaturenbretts vom Porsche 911, ebenfalls ein Entwurf von F. A.: Nichts soll vom Wesentlichen ablenken. Was bei der Instrumententafel schwarzer Kräusellack erledigte, wurde bei Uhrengehäuse und -band mit mattschwarzer Hartstoffbeschichtung erzielt.

EIN LEBEN FÜR DAS DESIGN

Ferdinand Alexander wurde 1935 als ältester Sohn von Dorothea und Ferry Porsche geboren. Bereits als Kind verbrachte er viel Zeit in den Konstruktionsbüros und Entwicklungsstätten seines Großvaters, Ferdinand Porsche. 1958 stieg er in das Stuttgarter Familienunternehmen ein und schärfte dort seinen Sinn für Technik, Materialien und Minimalismus. Der Sportwagen, den er und sein Team in dieser Zeit entwarfen, wurde später als Porsche 911 zur Ikone – und er ist es bis zum heutigen Tag.

Als Porsche sich 1972 mit seinem eigenen Designbüro – heute als Studio F. A. Porsche bekannt – selbstständig machte, erhielt er den ersten Auftrag von der damaligen Porsche AG: eine Armbanduhr als hochwertiges Geschenk für verdiente Mitarbeiter. Die stilgebende Idee des Designers war es, die Uhr dem Cockpit des Sportwagens nachzuempfinden und sie für eine optimale Ablesbarkeit mit schwarzem Zifferblatt, kontraststarker Indexierung sowie entspiegeltem Glas zu versehen. «Mir ging es darum, eine Uhr zum Auto zu kreieren. Schwarz wie die Tachometer und Drehzahlmesser, weil das beim Ablesen nicht blendet», begründete F. A. Porsche seine Wahl. Auch der rote Sekundenzeiger korrespondierte mit dem Drehzahlmesser und dem Tachometer in den Porsche-Armaturenbrettern jener Zeit.

DIE ZUKUNFT DER MECHANIK

Bei der Technik fiel Porsches Wahl auf ein Schweizer Automatikwerk – und nicht irgendeines! Die Firma Orfina, Kooperationspartner in der Herstellung des Chronograph I, zählte zu den ersten Kunden des neu entwickelten Valjoux Kaliber 7750, das in der schwarzen Uhr 1972 quasi seine Publikumspremiere feierte. Dabei schienen die Tage der mechanischen Uhr gezählt, denn die Uhrenindustrie setzte auf die preiswerten Quarzwerke und alle Welt prognostizierte ein baldiges Aus für analoge Zeigerwerke – digital war Trumpf.

Schwarz, mechanisch und mit Zeigern – der Porsche Design Chronograph I brach mit sämtlichen Traditionen auf einmal. Die Branche begegnete dem für damalige Verhältnisse recht groß geratenen Zeitmesser entsprechend mit Skepsis. Ein britischer Journalist meinte gar, man könne die schmucklose schwarze Uhr bestenfalls zu Beerdigungen tragen ...

Doch die Ehrlichkeit und Funktionalität seines Designs zusammen mit der Qualität des Zeitmessers setzten sich gegen seine Kritiker ebenso durch wie gegen den Kostendruck. In Sportfahrerkreisen war die von Orfina produzierte Uhr auf Anhieb ein Erfolg. Rennfahrer wie Mario Andretti und Clay Regazzoni oder auch der Grandseigneur des Fiat-Imperiums Gianni Agnelli trugen den kompromisslos gestalteten schwarzen Stopper, wenn auch vielleicht aus unterschiedlichen Gründen.

Auch wenn der Porsche Design Chronograph I nicht sofort und flächendeckend in die

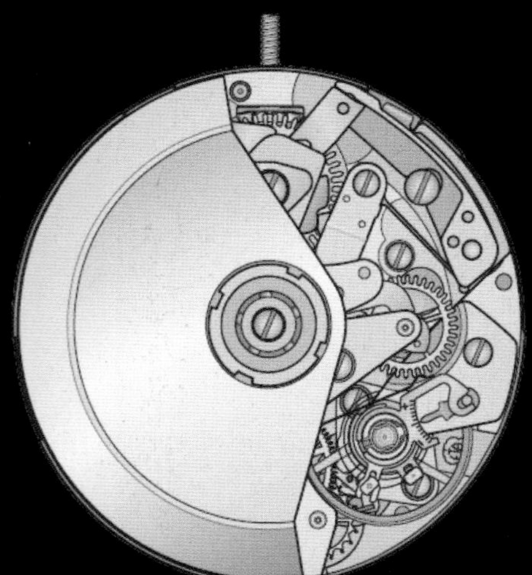

PORSCHE DESIGN ZÄHLTE ZU DEN ERSTEN KUNDEN FÜR DAS 1972 BRANDNEUE AUTOMATIK-CHRONOGRAPHENKALIBER VALJOUX 7750.

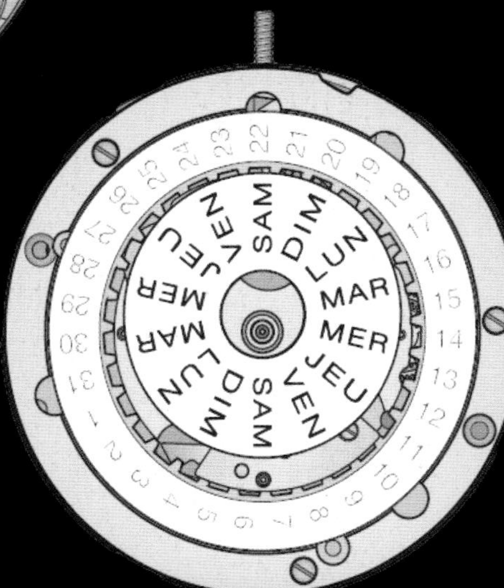

Schwarz, mechanisch und mit Zeigern – der **Chronograph I** brach mit sämtlichen modernen Konventionen.

Liste der offiziellen Ausrüstungsgegenstände für Luft- und Bodentruppen aufgenommen wurde, trug Schauspieler Tom Cruise in der ersten Verfilmung von «Top Gun» im Jahr 1986 einen solchen am Handgelenk. Der prominente Auftritt auf der Kinoleinwand mag zur Popularität des Designerstücks beigetragen haben, doch im Grunde spiegelte sich in der Wahl des Film-Propmasters lediglich die Tatsache, dass sich zahlreiche Profis in militärischen und zivilen Bereichen schon früh für einen Chronograph I entschieden – im Hinblick auf seine Robustheit, Ergonomie und Ablesbarkeit.

Unter der Bezeichnung «Timepiece No. 1» wurde der Orfina-Chronograph 2014 mit aufgefrischter Optik anlässlich der Gründung der Porsche Design Timepieces AG neu aufgelegt, als Titanuhr mit schwarz beschichtetem Gehäuse, limitiert auf 500 Exemplare. Weitere 500 Exemplare dieser Uhr kamen als Chronograph Titanium Limited Edition im grauen, unbeschichteten Titangehäuse auf den Markt. ◆

ORIGINAL VON 1972: DER LEGENDÄRE PORSCHE DESIGN CHRONOGRAPH I VON ORFINA, RECHTS DANEBEN DAS «TIMEPIECE NO. 1», DIE NEUINTERPRETATION VON 2014.

24
60
30
20
10
2
4
6
8
10
140
160
180
200
250
11

TIME FOLLOWS FUNCTION

Zeitmesser, so funktional und übersichtlich wie die Instrumente im Cockpit eines Sportwagens: Die gestalterische Maxime von Porsche Design Timepieces hat eine lange Tradition.

Text : Peter Braun

DIE TAUCHERUHR DIVER AUS DEM JAHR 2000 ÜBERZEUGTE DURCH IHRE RAFFINIERTE GEHÄUSEKONSTRUKTION.

Kann eine Marke, die Design im Namen trägt, mehr als nur gut gestaltete Produkte hervorbringen? Wobei dieses «nur» im Grunde fehl am Platze ist, weil selbst bei großen und erfolgreichen Unternehmen – nicht nur in der Uhrenbranche – gute Gestaltung nicht immer die Regel ist. Gute Gestaltung hilft aber, Produkte zu verkaufen und ein Unternehmen erfolgreich zu machen. Das weiß man bei Porsche Design ebenso wie bei der Konzernmutter Porsche: Der Sportwagenhersteller ging aus einem Ingenieurbüro hervor, Porsche Design wiederum wurde von einem ehemaligen Automobildesigner gegründet.

Professor Ferdinand Alexander Porsche, Gestalter des ewig jungen 911, gründete 1972 das Designstudio in Zell am See und schon im Jahr danach präsentierte er der Welt die erste von ihm gestaltete Uhr, die bis auf Zeiger und Indexe komplett in Mattschwarz gehalten war. Diese Uhr ließ er im Auftrag beim Schweizer Hersteller Orfina bauen, doch für weitere Kreationen gewann F. A. Porsche den Uhrenhersteller IWC in Schaffhausen als Partner.

Ein Meilenstein dieses Schaffens war der in Sammlerkreisen als legendär angesehene Chronograph aus den 1980er Jahren. Legendär wegen des Designs mit im Gehäuse versenkten Chronographendrückern. Legendär aber vor allem, weil es die erste Uhr aus Titan war – ein Werkstoff, der im Uhrenbau bis dahin keine Rolle spielte, im

Rennsport aber sehr wohl. Des Weiteren baute IWC für Porsche Design die legendäre Taucheruhr Ocean 2000, die auch die offizielle Dienstuhr der Bundesmarine war, sowie die bis heute einzigartige Kompassuhr.

Der Professor mochte Uhren und liebte es, Zeitmesser zu gestalten, weshalb die F. A. Porsche Beteiligungsgesellschaft im Jahr 1995 den damals nur mäßig erfolgreichen, technisch aber sehr gut aufgestellten Schweizer Uhrenhersteller Eterna kaufte. So wurden Porsche-Design-Uhren fortan in Grenchen hergestellt.

In dieser Phase entstanden optisch außergewöhnliche, technisch hochwertige Zeitmesser wie beispielsweise der Indicator, ein Chronograph mit digitaler Anzeige der Stoppminute und -stunde. Auch hier stand die kompromisslose Bedienungssicherheit und Ablesbarkeit im Vordergrund der Gestaltung, die auf der technischen Ebene einen gewaltigen konstruktiven Aufwand erforderte. So benötigte die unmissverständlich und auf einen Blick erfassbare Digitalanzeige der gestoppten Zeit wegen der schweren Ziffernscheiben einen eigenen mechanischen Antrieb mit einem zusätzlichen Federhaus.

OBEN DIE TAUCHERUHR DIVER VON 2000, DIE SICH ZUM SCHUTZ GEGEN UNBEABSICHTIGTES VERSTELLEN NUR IM AUFGEKLAPPTEN ZUSTAND BEDIENEN LIESS. UNTEN DIE LEGENDÄRE KOMPASSUHR, HIER ALS RE-EDITION VON 2011.

Auch die Taucheruhr Diver glänzte neben ihrer perfekten Ablesbarkeit mit ausgeklügelter Gehäusetechnik, die in diesem Fall zur sicheren Arretierung der Zahlenscheibe diente, mit der Taucher die verstrichene oder projektierte Dauer eines Tauchgangs einstellen. Diese wichtige Sicherheitseinrichtung ist sogar in der internationalen Taucheruhrnorm (ISO 6425 bzw. DIN 8306) zwingend vorgeschrieben. Was die meisten Uhrenhersteller mit einer schwergängigen und nur einseitig verdrehbaren Lünette – um die eingestellte Zeit nicht unabsichtlich zu verlängern, sondern sicherheitshalber zu verkürzen – erledigen, wurde bei der Diver durch das Zurückklappen des Uhrengehäuses in seinen Armbandhalter narrensicher umgesetzt.

Der Worldtimer ermöglichte es dem Vielreisenden, die Uhrzeit an seinem Zielort anhand der internationalen Städtecodes für die 24 Weltzeitzonen voreinzustellen und bei der Landung des Flugzeugs mit einer einfachen Drückerbetätigung die Zeiger auf die neue Ortszeit umspringen zu lassen.

Mit dem Titan-Chronograph (oben) begann 1980 die Kooperation mit IWC Schaffhausen. Der Worldtimer (links) war 2007 eine Entwicklung der Uhrenmanufaktur Eterna.

Der Chronograph Indicator von 2004 war uhrmacherisch eine kleine Sensation mit digital anzeigenden Totalisatoren für Stunden und Minuten, deren Antrieb eine komplette Neukonstruktion des Uhrwerks nötig machte.

Im Mai 2014 trennten sich die gemeinsamen Wege mit Eterna, und Porsche Design Timepieces wurde durch die Eröffnung der eigenen Produktionsstätten in Solothurn zum vollwertigen Uhrenhersteller.

Ein Glanzstück der eigenen Manufaktur ist bis heute der 2017 vorgestellte Monobloc Actuator, der dem Begriff «integrierter Chronograph» eine ganz neue Bedeutung verlieh. Was normalerweise die technische Kombination von Zeitanzeige und Kurzzeitmesser im Uhrwerk beschreibt, steht hier für die stilistisch und ergonomisch gelungene Integration der Chronographen-Bedienelemente in das Uhrengehäuse.

Das Vorbild für das Design des Monobloc Actuator war der Titan-Chronograph by IWC aus den 1980er Jahren, dessen wesentliche technische Merkmale das Gehäusematerial Titan und die komplett im Gehäuse versenkten Flächendrücker waren. Seit 2014 entstehen bei Porsche Design Timepieces ausschließlich Titanuhren, das Gehäusematerial für das neue Flaggschiff war folglich gesetzt. Die einst rundliche Form wurde durch Kanten akzentuiert, insbesondere sollte aber die rechte Gehäuseflanke «cleaner» erscheinen. So wurden die beiden Chronographendrücker samt dem Flankenschutz für die Aufzugskrone in einem einzigen Bauteil zusammengefasst. Über eine Wippen-Kinematik wurde die gesamte rechte Gehäuseflanke schwenkbar gelagert. Was sich in der Betrachtung der Designer zunächst recht einfach anhörte, entpuppte sich als echte Herausforderung für die Konstrukteure. Eine schlichte Lagerung der Wippe in einer Achse kam nicht infrage, weil sich diese Achse mit dem Kronentubus überschnitten hätte. Außerdem war ein definierter Druckpunkt gefragt, denn die Wippe sollte im Ruhezustand mit dem Gehäuse bündig abschließen und dabei keinerlei Spiel aufweisen. Diese nicht ganz triviale Aufgabe führte zu einer – patentierten – Lösung, die einem Kipphebel-System zur Ventilsteuerung in einem Automotor nicht unähnlich ist. Nur dass die Wippe hier eben keine Ventile aktiviert, sondern die Stifte, die den Fingerdruck des Bedieners auf den Chronographenmechanismus im Uhrwerk übertragen. Ein Federmechanismus – analog zur Ventilfeder – vollzieht die Nullstellung der Wippe, und Dichtungen wie an einem Ventilschaft sorgen dafür, dass kein Wasser ins Gehäuse eindringt. ◆

Der Monobloc Actuator war 2017 weit mehr als die Neuauflage des Titan-Chronographen aus den 1980er Jahren. Mit seiner perfekt kaschierten Drückermechanik versetzte er die Fachwelt in Erstaunen.

Mit einem Durchmesser von 40,8 mm bleiben die Re-Editionen des Chronograph 1 nahe am Original (rechts).

CHRONOGRAPH REVISITED

So originalgetreu wie möglich sollte die Jubiläumsauflage des Chronograph 1 zum 50. Geburtstag von Porsche Design werden. Trotz aller technischen Verbesserungen wurde daraus eine sehr authentisch wirkende Hommage an das Original von 1972 – und eine Ikone der neuen Generation.

Text : Peter Braun

Glücklicherweise hat man sich auch bei der Dimensionierung an das historische Vorbild gehalten, denn das verwendete Uhrwerk ist in seinen Grundzügen dasselbe geblieben, und damit auch die Abstände der Zeigerachsen: Das markante Arrangement von Kleiner Sekunde (bei der «9») sowie Stunden- und Minutenzähler füllt heute wie damals das von einem breiten Réhaut umrandete Zifferblatt perfekt aus.

Das exklusiv für Porsche Design Timepieces im schweizerischen Solothurn produzierte WERK 01.140 basiert auf der Architektur des schon vor fünfzig Jahren verwendeten «Valjoux»-Kalibers, auch wenn Finish und Dekorationen sowie einige neue Gestellteile ganz im Stil des Hauses Porsche Design gehalten sind. Für die Hochwertigkeit des Uhrwerks spricht das Chronometerzertifikat, das die präzisen Gangleistungen dokumentiert.

TITANCARBID TRIFFT AUF TITAN

Den größten Fortschritt im Vergleich zu früher stellt die heute zweifellos robustere und abriebfestere Beschichtung von Gehäuse und Bandgliedern dar, die übrigens nicht mehr aus Stahl, sondern aus Titan gefertigt sind. Wo einst die Kanten schon nach wenigen Monaten durch die Hartstoffbeschichtung lugten, sorgt heute eine tief in die Oberfläche einge-

schmolzene Titancarbidschicht für Kratzfestigkeit, und ein gewölbtes Saphirglas ist inzwischen ohnehin Standard. Außer am Gehäuseboden: Der ist auch bei den 500 Exemplaren der Jubiläumsedition mit einem massiven Schraubdeckel verschlossen.

AUTO ZUR UHR

Wie es sich für eine mit dem Automobil groß gewordene Dynastie geziemt, gehört zu einem Jubiläumschronographen natürlich auch ein Jubiläumsauto. Und weil konstruktiver Aufwand und strenge Zulassungsbestimmungen den authentischen Nachbau eines fünfzig Jahre alten Sportwagens verhinderten, gab der Automobilhersteller Porsche das Geburtstagsgeschenk für Porsche Design bei einem anderen Schwesterunternehmen – Porsche Classic – in Auftrag.

Hier wurde in zweijähriger Arbeit ein Porsche 911 S 2.4 Targa aus dem Baujahr 1972 in den faktischen Neuzustand versetzt, unter Verwendung alter Polsterstoffe und Zubehörteile aus der Asservatenkammer in Zuffenhausen.

Am Ende des 50. Jubiläumsjahres wurde der schwarze Oldtimer zusammen mit einem Einzelstück des Chronograph 1 beim RM Sotheby's in New York für über 1 Million Dollar versteigert.

50 JAHRE PORSCHE DESIGN

Noch enger mit dem Auto verbunden war die zweite Uhren-Neuheit im Jubiläumsjahr 2022, denn der Chronograph 1 – 911 Edition 50Y Porsche Design wurde nur den Käufern eines Porsche 911 Targa 4 GTS aus der auf 750 Exemplare limitierten Edition «50 Jahre Porsche Design» angeboten. Der schwarz lackierte Sportwagen weist einige spezielle Ausstattungsdetails auf, wie zum Beispiel die Plaketten an Motorhaube und Armaturenbrett oder die auf Leder geprägte Unterschrift von F. A. Porsche in der Mittelkonsole. Auch die Sportsitzbezüge im klassischen Hahnentrittmuster und der rote Sekundenzeiger in der Borduhr sind augenzwinkernde Zitate aus der Frühzeit des 911. Technisch gesehen handelt es sich um einen aktuellen Allrad-angetriebenen

Targa mit 480 PS und Achtgang-Doppelkupplungsgetriebe.

Der auf Wunsch zum Auto gelieferte Chronograph ist wahlweise mit Leder- oder Gliederband erhältlich und sieht auf den ersten Blick wie der eingangs beschriebene Chronograph 1 – 1972 Limited Edition aus. Der dezente rote Schriftzug «Flyback» im Totalisatorfeld des Stundenzählers bei der «6» verrät jedoch, dass hier das WERK 01.240 zum Einsatz kommt, dessen Chronographenzeiger bei laufender Messung mit einem einzigen Fingerdruck rückgestellt und neu gestartet werden können. Der Mechanismus ist in die Kadratur des zuvor beschriebenen Porsche-Design-Kalibers integriert, das natürlich ebenfalls nach Chronometernorm geprüft und zertifiziert ist. Noch dazu ist es durch den verglasten Gehäuseboden zu sehen, durch die Speichen einer stilisierten Leichtmetallfelge, die als Aufzugsrotor fungiert.

Ein weiteres Detail zur Unterscheidung erschließt sich tatsächlich erst, wenn man die beiden Chronograph-1-Editionen nebeneinanderlegt: Die Edition 1972 trägt an ihrem Réhaut eine 1000er-Tachymeterskala mit markierter «65» neben der «11» wie das Original, die Edition 911 hat eine 500er-Skala und stellt die Zahl «70» prominent heraus.

Und natürlich unterschieden sich die beiden Uhren im Preis: Der Chronograph 1 – 1972 Limited Edition kostete knapp 7000 Euro, satte 193.000 Euro dagegen der Chronograph 1 – 911 Edition 50Y Porsche Design (inklusive Auto).

Im 50. Jubiläumsjahr von Porsche Design lancierte die Marke zwei Sondermodelle des Chronograph 1.

Links die Edition 1972 mit konventionellem Chronographenwerk, rechts die Edition 911 mit Flyback-Funktion.

BEGINN EINER NEUEN TRADITION

Im Anschluss an das Jubiläum hielt der modernisierte Manufaktur-Chrono mit WERK 01.140 als Chronograph 1 All Black Numbered Edition Einzug in die reguläre Uhrenkollektion von Porsche Design, wenn auch – wie der Name bereits nahelegt – vorerst in limitierter, nummerierter Auflage von 1000 Exemplaren, wie eine entsprechende Gravur auf dem jetzt verglasten Gehäuseboden attestiert.

Nur ein Jahr später erweckte Porsche Design mit dem Chronograph 1 Utility eine weitere Legende zu neuem Leben. Das Design des neuen Zeitmessers lehnt sich stark an die ikonischen Military-Chronographen an, die sich in den 1970er und 1980er Jahren auch als offizielle Einsatzuhren für Luft- und Seestreitkräfte auf der ganzen Welt einen Namen machten.

Die optische Ähnlichkeit mit der seinerzeit aus Edelstahl gefertigten «Military» darf jedoch nicht darüber hinwegtäuschen, dass der neue Chronograph mit der Bezeichnung «Utility» eine Revolution in Sachen Gehäusematerial verkörpert. Titancarbid wurde von Porsche Design schon seit längerer Zeit als hochkratzfeste Beschichtung für die Titan-Uhrengehäuse eingesetzt. Nun ist es den Metallurgen gelungen, den Wunder-Werkstoff in massiver Form zu kompletten Uhrengehäusen zu verarbeiten und hier die Messlatte für Robustheit, Schlag- und Kratzfestigkeit um ein ganzes Stück höherzulegen. Der auf 250 Exemplare limitierte Chronograph 1 Utility ist mit dem WERK 01.240 ausgestattet, der Flyback-Version des Manufakturkalibers. Ein rotes «TiC» im Kreis erinnert an das Tritium-Symbol «3H» auf dem Zifferblatt der alten Military-Chronographen. Hier steht das Logo für das verwendete Gehäusematerial Titancarbid.

Das Zifferblatt des historischen Vorbildes, der Military-Version für die U.S.-Air-Force-Fliegerstaffel, zierte als Wappentier ein Tigerkopf. Auf dem Zifferblatt der Neuauflage findet sich stattdessen die Grafik eines schreienden Murmeltiers, im österreichischen Pinzgau umgangssprachlich «Mankei» genannt. Das Icon verweist auf den «Mankei»-Wirt, die Location von Ferdi Porsche an der Großglockner Hochalpenstraße in der Nähe des Studio F. A. Porsche in Zell am See. ◆

Steht ganz in der Design-Tradition der Ikone von 1972: Chronograph 1 All Black Numbered Edition.

Rechts: Der Chronograph 1 Utility beginnt mit dem Gehäusematerial Titancarbid seine ganz und gar eigene Tradition.

UTILITY
MON 8
PORSCHE DESIGN

06
DESIGN

50

DESIGN IST TEAMARBEIT

Besuch im Porsche Design Studio

Das Studio F. A. Porsche in Zell am See zeichnet für gutes Design verantwortlich. Uhren, Seilbahnen, Schuhe und Brillen werden hier gestaltet. Dieses breite Portfolio ermöglicht einen Blick weit über den Tellerrand der Uhrenbranche hinaus. Wir haben uns mit Studioleiter Carsten Monnerjan über Uhren und seine Designphilosophie unterhalten.

Text + Bilder: Martin Häußermann

Vollversammlung vor dem geschwungenen, ultrabreiten Computerbildschirm. Zu sehen ist der Entwurf einer Fahrzeugtür. Zwei junge Männer diskutieren engagiert, ein dritter tritt hinzu, schaut hin, hört zu und unterbricht dann kurz das Gespräch. Er nimmt ein weißes Blatt Papier und skizziert mit einigen flinken Strichen seinen Diskussionsbeitrag. Es ist Carsten Monnerjan, Leiter des Studio F. A. Porsche in Zell am See, der die Szene später so erläutert: «Wir Designer kommunizieren sehr oft mit einem Stift und einem Blatt Papier. Es ist meist einfacher, kurz ein Scribble zu erstellen als lange zu erzählen.» Die Diskussion entwickelte sich über den Entwurf einer Autotür eines Praktikanten. Dessen Proportionen hielt Monnerjan nicht für stimmig, weshalb er verbal und eben mit einer Skizze einen Verbesserungsvorschlag machte. Dieser Moment charakterisiert den Studioleiter ziemlich gut: einerseits freundlich und empathisch, andererseits aber auch klar in seiner Meinung und mit reichlich Erfahrung in Fahrzeug- und Produktdesign ausgestattet. Und er ist alles andere als ein Einzelkämpfer. Sein Credo: «Design ist echte Teamarbeit, deshalb stehen wir oft in Gruppen um den Rechner und diskutieren Entwürfe.»

Carsten Monnerjan hat im April 2023 die Leitung des Studios übernommen, das von Professor Ferdinand Porsche 1972 gegründet wurde und heute seinen Namen trägt. Der Rheinländer folgte auf den Schwaben Roland Heiler, der die Marke Porsche Design über Jahrzehnte erfolgreich entwickelte und ihr puristisches Design maßgeblich prägte. Der Neue ist angetreten, um Porsche Design weiter zu internationalisieren und zu integrieren. Zell am See ist zwar der Nukleus der Marke, doch sind die Designer des Hauses längst auch in Berlin, Los Angeles, Schanghai und in Ludwigsburg wenige Kilometer vom Porsche Werk in Stuttgart-Zuffenhausen und dem Porsche Entwicklungszentrum in Weissach entfernt tätig. Wie das funktioniert, erläutert Carsten Monnerjan in einigen Sätzen: «Wir arbeiten nicht nach dem Standortprinzip, sondern in Teams. Wir haben verantwortliche Designer für Fahrzeugdesign, Grafik, User-Interface und eben auch für Uhren. Letzteres Ressort verantwortet Manuel Röck, der sein Büro in Ludwigsburg hat und für viele der preisgekrönten Uhrendesigns der letzten Jahre verantwortlich ist. Je nach Art und Größe des Projekts erledigt jeder Verantwortliche seine Aufgabe allein oder holt sich Expertise, Input und kreative Unterstützung aus dem Team dazu. Unsere Philosophie lautet: Lass die Menschen dort arbeiten, wo sie gerne sind. Das macht zufriedenere und damit auch bessere Mitarbeiter und Mitarbeiterinnen. Viele junge Leute wollen lieber in großen

Städten leben, da wäre Zell am See nicht die erste Wahl – wohl aber, wenn sie gerne Sport treiben und vorzugsweise draußen sind. Außerdem punktet Zell am See durch die unmittelbare Verbundenheit mit der Geschichte und dem Gründer des Studios. So etwas findet man bei keiner anderen Marke.»

Monnerjan ist ein Kind des Volkswagen-Konzerns, seit 1993 ist er als Designer bei mehreren Marken des Konzerns tätig, wofür er sehr dankbar ist: «Dieser Konzern mit seinen zwölf Marken ist für einen Designer eine riesige Chance, vielfältige Erfahrungen zu sammeln.» Geprägt hat ihn seinen eigenen Worten zufolge unter anderem seine Tätigkeit im Volkswagen-Konzeptstudio in Sitges bei Barcelona: «Als junger Designer ist man ungemein kreativ, weiß aber noch nicht, wie groß das eigene Wirkungsfeld eigentlich ist. Im Konzeptstudio habe ich gelernt, wie wichtig es ist, Entwürfe in die Serie zu bringen. Es geht für einen Designer nicht nur darum, sich Neues auszudenken und Konzepte zu kreieren. Es geht auch darum, Fahrzeuge auf die Straße zu bringen.» Diese Erfahrungen sammelte er bei der Entwicklung des Seat Ibiza, einem einfachen Brot-und-Butter-Auto: «Es ist das Schöne am Beruf des Designers, dass man den ganzen Prozess begleitet – von einem weißen Blatt Papier bis zu einem Produkt, das später tausend- oder gar millionenfach produziert und benutzt wird.» Wie viel Herzblut er in diesen Entwurf steckte, zeigt diese Erinnerung: «Ich habe noch alle Zeichnungen von diesem Auto, bis hin zur kleinsten Luftdüse, alles von Hand gezeichnet. Wenn einem dann zwei, drei Jahre später das erste Auto auf der Straße entgegenkommt, das ist das Größte überhaupt. Auch heute noch, wenn ich auf der Straße unterwegs bin oder im Stau stehe und einen alten Ibiza sehe, kann ich mich an jede einzelne Phase des Entwurfs erinnern.»

Später landete er dann bei Audi. Der Designer und Manager leitete zwischen 2008 und 2012 das Audi-Designstudio in München. Gemeinsam mit seinem Team widmete er sich dort neben dem Fahrzeugdesign auch sogenannten «Future-Mobility-Konzepten». In dieser Zeit arbeitete er auch zum zweiten Mal an einer Uhr. Sein erstes Uhrenprojekt war eine Auftragsarbeit, die er in Spanien für den Kamerahersteller Leica erledigte. In Bayern war er dann aufgefordert, die Jubiläumsuhr zur Feier von 100 Jahre Audi zu gestalten: «Da lautete die Aufgabe, Auto und Uhr zusammenzubringen. Weil da auch die Geschichte der Marke drinstecken sollte, sind wir erst einmal mit den Klassik-Kollegen durch die Fahrzeugsammlung gegangen. Da haben wir uns natürlich vor allem die Instrumente angeschaut. Wie haben sich die Skalen und die Grafik entwickelt? Die Wahl fiel dann auf einen alten Rennsportwagen, den Bernd Rosemeyer gefahren hat. Da hat uns die unglaubliche Präzision und Einfachheit gefallen, die Feinheit in den Skalen und den Zeigern. Diese Idee haben wir dann in die Uhr übertragen.» Umgesetzt wurde der Entwurf damals von Chronoswiss auf Basis des hauseigenen Modells Chronoscope.

Am CAD-Rechner sitzt der Studioleiter nach eigenen Worten kaum noch. Dennoch ist die Arbeit von seiner Designidee geleitet, unter anderem dadurch, dass er – siehe oben – einfach mal schnell ein Blatt Papier zur Hand nimmt. Ein wichtiger Punkt ist auch die Integration der Teams, und nicht nur der eigenen: «Neu ist, dass wir enger mit den Kollegen des Fahrzeugdesigns in Weissach zusammenarbeiten. So wissen wir immer, in welche Richtung die Entwicklungen gehen.» Schließlich gilt: «Unsere Uhren müssen immer einen engen Bezug zum Fahrzeug, zur Marke und zu unserer Geschichte haben. Wir saugen uns da nichts aus den Fingern.»

Und es ist auch nicht damit getan, große Entwürfe einfach zu miniaturisieren, erklärt Monnerjan: «Bei Uhren erzielt man mit minimalen Änderungen oft große Effekte. Das hat mich anfangs umgehauen. Als Produkt- oder Fahrzeugdesigner bewegt man sich in viel größeren Dimensionen, kann mit Licht und Schatten arbeiten. Wenn man bei einer Uhr die Farbnuancen auf dem Zifferblatt oder die Größe der Skalen nur etwas verkleinert oder vergrößert, ändert sich der Gesamteindruck radikal.» Dass er und sein Designteam dies verstehen, zeigen die aktuellen Produkte des Hauses eindrucksvoll.

Und wohin will Porsche Design in der Zukunft? «Was ich mir auf die Fahnen geschrieben habe, ist, langlebige Produkte zu machen, also Produkte, die man noch nach Jahrzehnten anschauen kann. Wir rennen keinem Trend hinterher. Der Markt ist voll von kurzlebigen Produkten. Die große Aufgabe für uns besteht darin, die wichtigen Themen zu finden und sich die Ruhe zu gönnen, um ein wirklich reifes Produkt zu gestalten. Was wir auf jeden Fall immer weitertragen werden, ist dieses Porsche-Feeling, das jeder Porsche-Fan sein Eigen nennt. Da haben wir ein so großartiges Erbe, das wir gerne in die Zukunft tragen wollen», erzählt Carsten Monnerjan. ◆

Für den Chronograph 1 – 1972 Limited Edition gab es 2023 den Red Dot Award «Best of the Best». Designchef Carsten Monnerjan und Uhrendesigner Manuel Röck nahmen die Auszeichnung entgegen.

DAS STUDIO F. A. PORSCHE

Um mit einem Missverständnis von vornherein aufzuräumen: Das Studio F. A. Porsche ist keineswegs die Designabteilung des Sportwagenherstellers, auch wenn hier von Anfang an bis heute gelernte Automobildesigner das Sagen hatten und haben. Bevor Professor Ferdinand Alexander Porsche sein eigenes Design-Studio gründete, war er tatsächlich in der Porsche-Designabteilung, die damals noch Stylingabteilung hieß, tätig. Dort kreierte er den Porsche 911, der längst zur automobilen Ikone geworden ist.

1972 schied er bei Porsche aus und machte sich mit einem eigenen Studio selbstständig, zunächst in Stuttgart. 1974 zog es F. A. in seine alte Heimat nach Zell am See. In den folgenden Jahrzehnten entstanden dort neben den Uhren zahlreiche klassische Herren-Accessoires wie Brillen, Schreibgeräte, Koffer und Schuhe, die unter der Marke «Porsche Design» weltweit vertrieben wurden. Aber auch eine Vielzahl an Industrieprodukten, Haushaltsgeräten und Gebrauchsgütern für international bekannte Auftraggeber wurde unter der Design-Referenz «Design by F. A. Porsche» entwickelt. Auch für die Bergbahn in Zell am See wurden die Designer tätig und gestalteten die Gondeln, die Wanderer und Skifahrer auf den Hausberg Schmittenhöhe bringen. Selbst Straßenbahnen, E-Bikes und komplette Hightech-Wohntürme hat man im Studio F. A. Porsche schon entworfen – und zahlreiche renommierte Design Awards gewonnen. Eine ganz besondere Auszeichnung wurde dem Studio 2021 zuteil, als es für seine jahrelangen Leistungen vom internationalen Red Dot Award als «Design Team of the Year» ausgezeichnet wurde.

Vieles entstand unter der Ägide von Roland Heiler, der die Studioleitung von F. A. Porsche 2004 übernahm und bis 2023 innehatte. Heiler meint, dass der viel zitierte Satz «form follows function» im Grunde zu kurz greift: «Form und Funktion sind für mich die Schlüsselbegriffe. Wobei das Wort ‹follows› hier für mich eher in den Hintergrund rückt, denn wenn sich eines dem anderen unterordnen muss, dann ist es unwahrscheinlich, dass ein wirklich gutes Produkt entsteht. Wir pflegen weiterhin das Credo unseres Gründers, dass Form und Funktion gleichermaßen wichtig sind und im Einklang miteinander sein sollten.» Das sieht übrigens auch Carsten Monnerjan so, der seit 2023 für das Studio buchstäblich verantwortlich zeichnet.

07

KOLLEKTION

30
20
10
MON
8
PORSCHE DESIGN
CHRONOMETER
CERTIFIED
12
9
3
6
SWISS
MADE

CHRONOGRAPH 1

CHRONOGRAPH 1 – ALL BLACK NUMBERED EDITION

WERK: Automatik, Porsche Design WERK 01.140; Ø 30 mm, Höhe 7,9 mm; 25 Steine; 28.800 A/h; Gangreserve 48 Std.; geprüfter Chronometer (COSC)
FUNKTIONEN: Stunden, Minuten, Kleine Sekunde; Chronograph; Datum und Wochentag
GEHÄUSE: Titan mit schwarzer Titancarbid-Beschichtung, Ø 40,8 mm, Höhe 14,15 mm; siebenfach entspiegeltes Saphirglas; Boden mit Sichtfenster; Krone verschraubbar; wasserdicht bis 10 bar
BAND: Titan mit schwarzer Titancarbid-Beschichtung, Faltschließe
PREIS: € 8950,–

CHRONOGRAPH 1 UTILITY – LIMITED EDITION

WERK: Automatik, Porsche Design WERK 01.240; Ø 30 mm, Höhe 7,9 mm; 25 Steine; 28.800 A/h; Gangreserve 48 Std.; geprüfter Chronometer (COSC)
FUNKTIONEN: Stunden, Minuten, Kleine Sekunde; Flyback-Chronograph; Datum und Wochentag
GEHÄUSE: Titancarbid glasperlgestrahlt, Ø 42,7 mm, Höhe 14,15 mm; siebenfach entspiegeltes Saphirglas; Boden verschraubt; Krone verschraubbar; wasserdicht bis 10 bar
BAND: original Porsche-Fahrzeugleder mit Unterband, Faltschließe, mit Schnellwechselsystem
BEMERKUNG: limitiert auf 250 Exemplare
PREIS: € 11.950,–

CHRONOGRAPH 1 – 911 TURBO 50 JAHRE

WERK: Automatik, Porsche Design WERK 01.240; Ø 30 mm, Höhe 7,9 mm; 25 Steine; 28.800 A/h; Gangreserve 48 Std.; geprüfter Chronometer (COSC)
FUNKTIONEN: Stunden, Minuten, Kleine Sekunde; Flyback-Chronograph; Datum und Wochentag
GEHÄUSE: Titan mit schwarzer Titancarbid-Beschichtung, Ø 40,8 mm, Höhe 14,15 mm; siebenfach entspiegeltes Saphirglas; Boden mit Sichtfenster; Krone verschraubbar; wasserdicht bis 10 bar
BAND: beigefarbenes Textillederband, zusätzliches Titanband mit schwarzer Titancarbid-Beschichtung, mit Schnellwechselsystem
BEMERKUNG: limitiert auf 500 Exemplare
PREIS: € 10.950,–

KOLLEKTION

SPORT CHRONO SUBSECOND 42

WERK: Automatik, Porsche Design WERK 03.200 (Basis Sellita SW260-1); Ø 25,6 mm, Höhe 5,6 mm; 31 Steine; 28.800 A/h; Gangreserve 38 Std.; geprüfter Chronometer (COSC)
FUNKTIONEN: Stunden, Minuten, Kleine Sekunde; Datum
GEHÄUSE: Titan glasperlgestrahlt und poliert, Ø 42 mm, Höhe 12,25 mm; siebenfach entspiegeltes Saphirglas; Krone verschraubbar; wasserdicht bis 10 bar
BAND: original Porsche-Fahrzeugleder, Faltschließe
PREIS: € 4950,–

SPORT CHRONO SUBSECOND 39 TITANIUM

WERK: Automatik, Porsche Design WERK 03.200 (Basis Sellita SW260-1); Ø 25,6 mm, Höhe 5,6 mm; 31 Steine; 28.800 A/h; Gangreserve 38 Std.; geprüfter Chronometer (COSC)
FUNKTIONEN: Stunden, Minuten, Kleine Sekunde; Datum
GEHÄUSE: Titan glasperlgestrahlt und poliert, Ø 39 mm, Höhe 12,25 mm; siebenfach entspiegeltes Saphirglas; Krone verschraubbar; wasserdicht bis 10 bar
BAND: original Porsche-Fahrzeugleder, Faltschließe
PREIS: € 4950,–

SPORT CHRONO BLACK & LEATHER

WERK: Automatik, Porsche Design WERK 01.100; Ø 30 mm, Höhe 7,9 mm; 25 Steine; 28.800 A/h; Gangreserve 48 Std.; geprüfter Chronometer (COSC)
FUNKTIONEN: Stunden, Minuten; Gangkontrolle; Chronograph; Datum
GEHÄUSE: Titan mit schwarzer Titancarbid-Beschichtung, Ø 42 mm, Höhe 14,9 mm; siebenfach entspiegeltes Saphirglas; Boden mit Sichtfenster; Krone verschraubbar; wasserdicht bis 10 bar
BAND: original Porsche-Fahrzeugleder, Faltschließe
PREIS: € 5750,–

CUSTOM-BUILT TIMEPIECES

CUSTOM-BUILT GLOBETIMER

WERK: Automatik, Porsche Design WERK 04.110; Ø 28,5 mm, Höhe 6,94 mm; 26 Steine; 28.800 A/h; Gangreserve 38 Std.; geprüfter Chronometer (COSC)
FUNKTIONEN: Stunden, Minuten, Zentralsekunde; zusätzliche 24-Std.-Anzeige (zweite Zeitzone), Tag-/Nacht-indikation; Datum
GEHÄUSE: Titan glasperlgestrahlt, Ø 42 mm, Höhe 14,7 mm; siebenfach entspiegeltes Saphirglas; Krone verschraubbar; wasserdicht bis 5 bar
BAND: Rindleder, Faltschließe, mit Schnellwechselsystem
BEMERKUNG: im Rahmen des Custom-built Programms mit farbigem Zifferblattring; Gehäuse- und Armband-varianten sowie Bodengravur personalisierbar
PREIS: ab € 5950,–

CUSTOM-BUILT CHRONOGRAPH

WERK: Automatik, Porsche Design WERK 01.100; Ø 30 mm, Höhe 7,9 mm; 25 Steine; 28.800 A/h; Gangreserve 48 Std.; geprüfter Chronometer (COSC)
FUNKTIONEN: Stunden, Minuten; Gangkontrolle; Chronograph; Datum
GEHÄUSE: Titan glasperlgestrahlt, Ø 42 mm, Höhe 15,3 mm; siebenfach entspiegeltes Saphirglas; Boden mit Sicht-fenster; Krone verschraubbar; wasserdicht bis 5 bar
BAND: Rindleder, Faltschließe, mit Schnellwechselsystem
BEMERKUNG: im Rahmen des Custom-built Programms mit farbigem Zifferblattring und Rotor in versch. Felgen-designs; Gehäuse- und Armbandvarianten sowie Boden-gravur personalisierbar
PREIS: ab € 5950,–

FAHRZEUGBEGLEITENDE UHREN

CHRONOGRAPH 911 TURBO S EXCLUSIVE (991.2)

WERK: Automatik, Porsche Design WERK 01.200; Ø 30 mm, Höhe 7,9 mm; 25 Steine; 28.800 A/h; Gangreserve 48 Std.; geprüfter Chronometer (COSC)
FUNKTIONEN: Stunden, Minuten; Gangkontrolle; Flyback-Chronograph; Datum
GEHÄUSE: Titan mit schwarzer Titancarbid-Beschichtung, Ø 42 mm, Höhe 14,62 mm; siebenfach entspiegeltes Saphirglas; Boden mit Sichtfenster; Krone verschraubbar; wasserdicht bis 10 bar
BAND: original Porsche-Fahrzeugleder, Faltschließe
BEMERKUNG: Karbonfaser-Zifferblatt; Aufzugsrotor im Turbo-S-Felgendesign; nur für Besitzer eines Porsche 911 Turbo S erhältlich, limitiert auf 500 Exemplare
PREIS: € 12.950,–

FAHRZEUGBEGLEITENDE UHREN

CHRONOGRAPH 911 GT2 RS (991.2)

WERK: Automatik, Porsche Design WERK 01.200; Ø 30 mm, Höhe 7,9 mm; 25 Steine; 28.800 A/h; Gangreserve 48 Std.; geprüfter Chronometer (COSC)
FUNKTIONEN: Stunden, Minuten; Gangkontrolle; Flyback-Chronograph; Datum
GEHÄUSE: Titan glasperlgestrahlt, Ø 42 mm, Höhe 14,62 mm; siebenfach entspiegeltes Saphirglas; Boden mit Sicht-fenster; Krone verschraubbar; wasserdicht bis 10 bar
BAND: original Porsche-Sitzleder, Faltschließe
BEMERKUNG: Karbonfaser-Zifferblatt; Höchstgeschwin-digkeit des Fahrzeugs auf der Tachymeterlünette farblich markiert; nur für Besitzer eines Porsche 911 GT2 RS erhältlich; konfigurierbar
PREIS: € 12.500,–

CHRONOGRAPH 911 GT3 RS (991.2)

WERK: Automatik, Porsche Design WERK 01.200; Ø 30 mm, Höhe 7,9 mm; 25 Steine; 28.800 A/h; Gangreserve 48 Std.; geprüfter Chronometer (COSC)
FUNKTIONEN: Stunden, Minuten; Gangkontrolle; Flyback-Chronograph; Datum
GEHÄUSE: Titan mit schwarzer Titancarbid-Beschichtung, Ø 42 mm, Höhe 14,62 mm; siebenfach entspiegeltes Saphirglas; Boden mit Sichtfenster; Krone verschraubbar; wasserdicht bis 10 bar
BAND: original Porsche-Fahrzeugleder mit Race-Tex-Be-satz, Faltschließe, mit Schnellwechselsystem
BEMERKUNG: Karbonfaser-Zifferblatt; nur für Besitzer eines Porsche 911 GT3 RS erhältlich
PREIS: € 12.500,–

CHRONOGRAPH 911 SPEEDSTER HERITAGE DESIGN (991.2)

WERK: Automatik, Porsche Design WERK 01.200; Ø 30 mm, Höhe 7,9 mm; 25 Steine; 28.800 A/h; Gangreserve 48 Std.; geprüfter Chronometer (COSC)
FUNKTIONEN: Stunden, Minuten; Gangkontrolle; Flyback-Chronograph; Datum
GEHÄUSE: Titan glasperlgestrahlt, Ø 42 mm, Höhe 14,62 mm; siebenfach entspiegeltes Saphirglas; Boden mit Sichtfenster; Krone verschraubbar; wasserdicht bis 10 bar
BAND: original Porsche-Fahrzeugleder, Faltschließe, mit Schnellwechselsystem
BEMERKUNG: Tachymeterlünette mit farblich markierter «70»; Aufzugsrotor im Speedster-Felgendesign; nur für Besitzer eines Porsche 911 Speedster Heritage Design Edition erhältlich
PREIS: € 12.500,–

FAHRZEUGBEGLEITENDE UHREN

CHRONOGRAPH 911 SPEEDSTER (991.2)

WERK: Automatik, Porsche Design WERK 01.200; Ø 30 mm, Höhe 7,9 mm; 25 Steine; 28.800 A/h; Gangreserve 48 Std.; geprüfter Chronometer (COSC)
FUNKTIONEN: Stunden, Minuten; Gangkontrolle; Flyback-Chronograph; Datum
GEHÄUSE: Titan mit schwarzer Titancarbid-Beschichtung, Ø 42 mm, Höhe 14,62 mm; siebenfach entspiegeltes Saphirglas; Boden mit Sichtfenster; Krone verschraubbar; wasserdicht bis 10 bar
BAND: original Porsche-Fahrzeugleder, Faltschließe
BEMERKUNG: Karbonfaser-Zifferblatt; Tachymeterlünette mit farblich markierter «70»; Aufzugsrotor im Speedster-Felgendesign; nur für Besitzer eines Porsche 911 Speedster erhältlich, limitiert auf 1948 Exemplare
PREIS: € 9950,–

CHRONOGRAPH 911 TARGA 4S HERITAGE DESIGN (992)

WERK: Automatik, Porsche Design WERK 01.100; Ø 30 mm, Höhe 7,9 mm; 25 Steine; 28.800 A/h; Gangreserve 48 Std.; geprüfter Chronometer (COSC)
FUNKTIONEN: Stunden, Minuten; Gangkontrolle; Chronograph; Datum
GEHÄUSE: Titan mit bronzefarbener PVD-Beschichtung, Lünette poliert, Ø 42 mm, Höhe 14,9 mm; siebenfach entspiegeltes Saphirglas; Boden mit Sichtfenster; Krone verschraubbar; wasserdicht bis 10 bar
BAND: original Porsche-Fahrzeugleder, Faltschließe, mit Schnellwechselsystem
BEMERKUNG: Aufzugsrotor im Fuchs-Felgendesign; nur für Besitzer eines Porsche 911 Targa 4S Heritage Design Edition erhältlich, limitiert auf 992 Exemplare
PREIS: € 12.500,–

CHRONOGRAPH 911 GT3 (992)

WERK: Automatik, Porsche Design WERK 01.200; Ø 30 mm, Höhe 7,9 mm; 25 Steine; 28.800 A/h; Gangreserve 48 Std.; geprüfter Chronometer (COSC)
FUNKTIONEN: Stunden, Minuten; Gangkontrolle; Flyback-Chronograph; Datum
GEHÄUSE: Titan mit schwarzer Titancarbid-Beschichtung, Ø 42 mm, Höhe 14,62 mm; siebenfach entspiegeltes Saphirglas; Boden mit Sichtfenster; Krone verschraubbar; wasserdicht bis 10 bar
BAND: original Porsche-Fahrzeugleder, Faltschließe, mit Schnellwechselsystem
BEMERKUNG: Aufzugsrotor im 911-GT3-Felgendesign; nur für Besitzer eines Porsche 911 GT3 erhältlich; mit Farbring, Band und Gravur personalisierbar
PREIS: € 9500,–

FAHRZEUGBEGLEITENDE UHREN

CHRONOGRAPH 911 GT3 TOURING (992)

WERK: Automatik, Porsche Design WERK 01.200; Ø 30 mm, Höhe 7,9 mm; 25 Steine; 28.800 A/h; Gangreserve 48 Std.; geprüfter Chronometer (COSC)
FUNKTIONEN: Stunden, Minuten; Gangkontrolle; Flyback-Chronograph; Datum
GEHÄUSE: Titan glasperlgestrahlt, Ø 42 mm, Höhe 14,62 mm; siebenfach entspiegeltes Saphirglas; Boden mit Sichtfenster; Krone verschraubbar; wasserdicht bis 10 bar
BAND: original Porsche-Fahrzeugleder, Faltschließe, mit Schnellwechselsystem
BEMERKUNG: Aufzugsrotor im 911-GT3-Felgendesign; nur für Besitzer eines Porsche 911 GT3 mit Touring-Paket (2021) erhältlich; mit Farbring, Band und Bodengravur personalisierbar
PREIS: ab € 9500,–

CHRONOGRAPH 718 CAYMAN GT4 RS (982)

WERK: Automatik, Porsche Design WERK 01.200; Ø 30 mm, Höhe 7,9 mm; 25 Steine; 28.800 A/h; Gangreserve 48 Std.; geprüfter Chronometer (COSC)
FUNKTIONEN: Stunden, Minuten; Gangkontrolle; Flyback-Chronograph; Datum
GEHÄUSE: Titan glasperlgestrahlt, Ø 42 mm, Höhe 14,62 mm; siebenfach entspiegeltes Saphirglas; Boden mit Sichtfenster; Krone verschraubbar; wasserdicht bis 10 bar
BAND: original Porsche-Fahrzeugleder, Faltschließe, mit Schnellwechselsystem
BEMERKUNG: Aufzugsrotor im Cayman-GT4-RS-Felgendesign; nur für Besitzer eines Porsche 718 Cayman GT4 RS (2021) erhältlich; auch mit Karbonfaser-Zifferblatt; mit Farbring, Band und Bodengravur personalisierbar
PREIS: ab € 9500,–

CHRONOGRAPH 1 – 911 EDITION 50 JAHRE PORSCHE DESIGN

WERK: Automatik, Porsche Design WERK 01.240; Ø 30 mm, Höhe 7,9 mm; 25 Steine; 28.800 A/h; Gangreserve 48 Std.; geprüfter Chronometer (COSC)
FUNKTIONEN: Stunden, Minuten, Kleine Sekunde; Flyback-Chronograph; Datum und Wochentag
GEHÄUSE: Titan mit schwarzer Titancarbid-Beschichtung, Ø 40,8 mm, Höhe 15,15 mm; siebenfach entspiegeltes Saphirglas; Boden mit Sichtfenster; Krone verschraubbar; wasserdicht bis 10 bar
BAND: Titan mit schwarzer Titancarbid-Beschichtung, Faltschließe, mit Schnellwechselsystem
BEMERKUNG: Aufzugsrotor im GTS-Felgendesign; nur für Besitzer eines Porsche 911 Targa 4 GTS erhältlich
PREIS: € 10.750,–

CHRONOGRAPH 911 SPORT CLASSIC

WERK: Automatik, Porsche Design WERK 01.200; Ø 30 mm, Höhe 7,9 mm; 25 Steine; 28.800 A/h; Gangreserve 48 Std.; geprüfter Chronometer (COSC)
FUNKTIONEN: Stunden, Minuten; Gangkontrolle; Flyback-Chronograph; Datum
GEHÄUSE: Titan mit schwarzer PVD-Beschichtung, Lünette poliert, Ø 42 mm, Höhe 14,9 mm; siebenfach entspiegeltes Saphirglas; Boden mit Sichtfenster; Krone verschraubbar; wasserdicht bis 10 bar
BAND: original Porsche-Fahrzeugleder (2 Bänder), Faltschließe, mit Schnellwechselsystem
BEMERKUNG: Aufzugsrotor im Sport-Classic-Design; konfigurierbar
PREIS: € 12.500,–

CHRONOGRAPH 911 GT3 RS (992)

WERK: Automatik, Porsche Design WERK 01.200; Ø 30 mm, Höhe 7,9 mm; 25 Steine; 28.800 A/h; Gangreserve 48 Std.; geprüfter Chronometer (COSC)
FUNKTIONEN: Stunden, Minuten; Gangkontrolle; Flyback-Chronograph; Datum
GEHÄUSE: Titan mit schwarzer Titancarbid-Beschichtung, Ø 42 mm, Höhe 14,62 mm; siebenfach entspiegeltes Saphirglas; Boden mit Sichtfenster; Krone verschraubbar; wasserdicht bis 10 bar
BAND: Leder mit Race-Tex-Futter, Faltschließe
BEMERKUNG: Karbonfaser-Zifferblatt, Pulsometerskala; nur für Besitzer eines Porsche 911 GT3 RS erhältlich; mit Farbring, Band und Bodengravur personalisierbar
PREIS: ab € 9750,–

CHRONOGRAPH 1 – 911 DAKAR (992)

WERK: Automatik, Porsche Design WERK 01.240; Ø 30 mm, Höhe 7,9 mm; 25 Steine; 28.800 A/h; Gangreserve 48 Std.; geprüfter Chronometer (COSC)
FUNKTIONEN: Stunden, Minuten, Kleine Sekunde; Flyback-Chronograph; Datum und Wochentag
GEHÄUSE: Titancarbid, Ø 42,7 mm, Höhe 14,15 mm; siebenfach entspiegeltes Saphirglas; Boden mit Sichtfenster; Krone verschraubbar; wasserdicht bis 10 bar
BAND: Leder mit Race-Tex-Futter, Faltschließe, mit Schnellwechselsystem
BEMERKUNG: Aufzugsrotor im Dakar-Felgendesign; nur für Besitzer eines Porsche 911 Dakar oder 911 Dakar Rallye Design erhältlich, limitiert auf 2500 Exemplare
PREIS: € 13.950,–

CHRONOGRAPH 718 SPYDER RS (982)

WERK: Automatik, Porsche Design WERK 01.200; Ø 30 mm, Höhe 7,9 mm; 25 Steine; 28.800 A/h; Gangreserve 48 Std.; geprüfter Chronometer (COSC)
FUNKTIONEN: Stunden, Minuten; Gangkontrolle; Flyback-Chronograph; Datum
GEHÄUSE: Titan mit schwarzer Titancarbid-Beschichtung, Ø 42 mm, Höhe 14,62 mm; siebenfach entspiegeltes Saphirglas; Boden mit Sichtfenster; Krone verschraubbar; wasserdicht bis 10 bar
BAND: original Porsche-Fahrzeugleder, Faltschließe, mit Schnellwechselsystem
BEMERKUNG: Aufzugsrotor im RS-Felgendesign; nur für Besitzer eines Porsche 718 Spyder RS erhältlich; mit Farbring, Band und Bodengravur personalisierbar
PREIS: ab € 9500,–

CHRONOGRAPH 1 – 911 S/T (992)

WERK: Automatik, Porsche Design WERK 01.240; Ø 30 mm, Höhe 7,9 mm; 25 Steine; 28.800 A/h; Gangreserve 48 Std.; geprüfter Chronometer (COSC)
FUNKTIONEN: Stunden, Minuten, Kleine Sekunde; Flyback-Chronograph; Datum und Wochentag
GEHÄUSE: Titan glasperlgestrahlt, Ø 40,8 mm, Höhe 15,15 mm; siebenfach entspiegeltes Saphirglas; Boden mit Sichtfenster; Krone verschraubbar; wasserdicht bis 10 bar
BAND: original Porsche-Fahrzeugleder- und Titangliederband, jeweils mit Faltschließe und Schnellwechselsystem
BEMERKUNG: Jubiläumsziffer «60» auf dem Skalenring farblich markiert; Aufzugsrotor im S/T-Felgendesign; nur für Besitzer eines Porsche 911 S/T erhältlich; konfigurierbar
PREIS: € 11.950,–

CHRONOGRAPH 911 TURBO 50 JAHRE

WERK: Automatik, Porsche Design WERK 01.200; Ø 30 mm, Höhe 7,9 mm; 25 Steine; 28.800 A/h; Gangreserve 48 Std.; geprüfter Chronometer (COSC)
FUNKTIONEN: Stunden, Minuten; Gangkontrolle; Flyback-Chronograph; Datum
GEHÄUSE: Titan glasperlgestrahlt, Ø 42 mm, Höhe 14,9 mm; siebenfach entspiegeltes Saphirglas; Boden mit Sichtfenster; Krone verschraubbar; wasserdicht bis 10 bar
BAND: original Porsche-Fahrzeugleder, Faltschließe, mit Schnellwechselsystem
BEMERKUNG: Aufzugsrotor im Fuchs-Felgendesign; konfigurierbar
PREIS: € 11.950,–

IMPRESSUM

HEEL Verlag GmbH
Gut Pottscheidt, 53639 Königswinter
Tel.: 02223 9230-0, Fax: 02223 9230-26
info@heel-verlag.de
www.heel-verlag.de
www.armbanduhren-online.de

Herausgeber:
Franz-Christoph Heel

Verantwortlich für den Inhalt:
Peter Braun (ChRed. ARMBANDUHREN)
Redaktionsanschrift: Friedrichsplatz 12,
68165 Mannheim
Tel.: 0621 712202
p.braun@heel-verlag.de

Autoren:
Martin Häußermann, Peter Braun

Fotografien: Porsche Lifestyle GmbH & Co. KG,
Martin Häußermann, Archiv ARMBANDUHREN

Lektorat: Melanie Jaschob-Ahaus

Satz und Gestaltung:
HEEL Verlag GmbH, Axel Mertens,
Stefan Witterhold

Litho:
HEEL Verlag GmbH, Fred Klöpfel

Objektleitung:
HEEL Verlag GmbH
Sabine Blüm
Gut Pottscheidt, 53639 Königswinter
Tel.: 02223 9230-27
s.bluem@heel-verlag.de

Leserservice:
ARMBANDUHREN-Leserservice
Heike Becker
Gut Pottscheidt, 53639 Königswinter
Tel.: 02223 9230-42
h.becker@heel-verlag.de

Vertrieb Deutschland:
DMV Der Medienvertrieb
GmbH & Co. KG,
Meßberg 1, 20086 Hamburg
Tel.: 040 30191800
info@dermedienvertrieb.de

Vertrieb Schweiz:
Buchzentrum AG,
Industriestr. Ost 10, CH-4614 Hägendorf
Tel.: +41 62 209-2626, Fax: +41 62 209-2627
kundendienst@buchzentrum.ch

Vertrieb Österreich:
Mohr Morawa Buchvertrieb GmbH,
Sulzengasse 2, A-1230 Wien
Tel.: +43 1 68014-5, Fax: +43 1 6896800
bestellung@mohrmorawa.at

Druck: westermann DRUCK | pva
Georg-Westermann-Allee 66,
38104 Braunschweig

ISBN: 978-3-96664-914-8

ISSN: 1431-3677

Gerichtsstand: Königswinter

Datenschutzerklärung:
ds.heel-verlag.de